U0012542

漫畫量子力學 ②
光的祕密大公開

李億周 이억주 著　洪承佑 홍승우 繪　陳聖薇 譯

光是波動還是粒子？
看愛因斯坦等大科學家，如何以光開啟量子的世界

前 言

漫畫家的話

大家好，我是漫畫家洪承佑。從小我就很尊敬科學家，因為科學家為大家探究我們居住的地球，以及宇宙萬物如何出現、依循什麼法則。

大家假設眼前有一顆蘋果，我們把這顆蘋果對半切、再對半切、再對半切的話，會出現什麼呢？沒錯，就是原子，原子就是形成世間萬物的基本單位。量子力學就如同原子，探索再也無法分隔的單位內所發生的物理現象。

遙遠的古希臘時代，就有人對那小之又小的世界充滿疑惑與疑問，科學家歷經數千年的原子探究之後，我們已經知道原子裡面有什麼、如何運作，但還有許多我們未知、必須知道的真相。

好奇是哪些科學家帶著這些疑問、又做了什麼研究嗎？我們一起透過漫畫學習他們的故事，與原子世界的物理法則。本書我們要與多允一家人一起回到過去，在原子的世界裡探險。

好的！大家是不是準備好，要與漫畫裡的角色們一同進入眼睛看不見的小小世界呢？

我們開始吧！

洪承佑

作者的話

大家如果沒有手機或電腦的話，可以生活嗎？
應該會有種回到原始時代的感覺吧。

今日科學帶給我們生活上的各種便利，就是因為量子力學才有登場的機會，尤其是手機與電腦採用的半導體原理，也可用量子力學說明。

科學發展的歷史上有兩回「奇蹟之年」，第一次是牛頓發現萬有引力定律與運動定律，並說明月亮與蘋果運行的一六六六年；第二次是愛因斯坦發表光電效應的偉大論文，奠定量子力學基礎的一九〇五年。牛頓的運動定律是探索可以用眼睛看見的宏觀世界，量子力學卻是研究無法用眼睛看到的微觀世界。

想完全理解量子力學，真的不是一件簡單的事情，但只要有好奇心，就能看見某個物質是由什麼形成、物質內發生了什麼事。

好奇心是探索科學最大的基礎，這本書就是帶著好奇心探究物質世界科學家的故事。從古希臘哲學家德謨克利特，到成功讓量子瞬間移動的安東・塞林格，透過這些對量子力學有所貢獻的科學家，為大家介紹微觀世界。

李億周

目次

試著解開
第 90 頁的 OX 問答吧。

好像知道，
又好像不知道，
有點混淆……

找尋時空旅行的祕密，
咻咻咻！

登場人物

鄭多允
物理國小五年級。
只要關於物理,他都帶著
好奇心,是個好奇大王。

Mix
多允家的寵物狗,
是個貪吃鬼。

多允的家人
彼此愛護的
一家人。
相聚時總是
充滿歡笑。

金敏瑞
物理國小五年級。
博學多聞,好奇心
滿點的聰明小孩。

馬克斯 · 普朗克
德國物理學家
（1858 ～ 1947）

阿爾伯特 · 愛因斯坦
德國物理學家
（1879 ～ 1955）

約翰 · 斯特拉特
英國物理學家
（1842 ～ 1919）

阿瑟 · 康普頓
美國物理學家
（1892 ～ 1962）

湯瑪士 · 楊格
英國物理學家
（1773 ～ 1829）

詹姆斯 · 查兌克
英國物理學家
（1891 ～ 1974）

湯川秀樹
日本物理學家
（1907 ～ 1981）

恩里科 · 費米
義大利物理學家
（1901 ～ 1954）

第1章
又冷又亮的光
電磁波 與 輻射

生態

今天給你們看的自然紀錄片，主角就是這傢伙。

哇，好酷！

啊啊！螢火蟲的幼蟲！

又來了……

哼，幼蟲有什麼了不起的……

螢火蟲的幼蟲和其他幼蟲不一樣，非常特別的！

無知眾生！

吼

嗚哇，可怕吧？特別的殭屍幼蟲……

幼蟲

幼蟲

一點都不可怕好嗎？反而是搞笑！

哇啊啊！

嘶嘶嘶

啊！
哇哩勒！

專注在影片。
禁止講話！

咕嚕嚕

老師，
螢火蟲幼蟲會發光，
是了不起的獵人，
也是很特別的幼蟲，
對吧？

對吧？　對吧？

是的……沒錯。

會發光的獵人
的話……
是這種感覺嗎？

你被
逮捕了！

唰

驚慌

不是，
不是這個
樣子。

那是像
夜店閃光燈
一樣？

閃閃
亮亮

好好看紀錄片！
裡面會有！

喔～
和成蟲一樣，
幼蟲的尾巴
有光！

螢火蟲幼蟲是用下顎
小口小口的吃著蝸牛。

呃，噁心！

一齡幼蟲

二齡幼蟲

卵

終齡幼蟲*

蛹

成蟲

近來的孩子
才可怕……

點綴漂亮夜空、
數以萬計的螢火蟲，
其幼年時期曾是
殘暴的獵人。

你懂什麼是
「螢雪之功」*
嗎？

哥哥用舌頭
帶球玩的意思？*

嘿

球

哇～
愚蠢到令
眾生無語

舌頭

哥哥

哇

弟弟

*註：螢火蟲的幼蟲時期通常會蛻皮 6～7 次，因此幼蟲有一齡、二齡、三齡……，終齡幼蟲就會化蛹。
*註：「螢雪之功」是韓國成語，比喻在條件非常艱難的情況下，克服困難，努力讀書學習。
12 *註：這裡多允為了搞笑，把「螢雪之功」的每個韓文字分開來理解，所以出現荒謬的場景。

所謂螢雪之功，是古代有個窮秀才，家裡的煤油用完了……

唉呀，慘了！

自己說的笑話，自己笑成那樣，這搞笑模樣，真的看不下去。

嘎嘎

嘎嘎

嘎嘎

唉唷我的肚子啊

就抓了幾隻螢火蟲，靠著螢火來念書，

4×5=20
4×6=24

另一個窮秀才則是藉由雪反射月光念書，是這樣的意思！

人之初性本善

天啊！抓那麼多螢火蟲不怕失火唷……

呃啊啊！

燃燒

螢火蟲不會引火好嗎？

那麼，螢火蟲的光和雪的光結合的話，效果會加倍囉？

扣

喔喔喔喔喔，好亮啊！

暈

眩

嘎哈哈嘎嘎！

超市買回來的髮圈和 Mix 好搭，嘎哈哈！

還以為我是什麼芭比娃娃咧……

觸角犬、昆蟲犬登場囉！嘎嘎哈！

一陣

暈

眩

這裝扮是怎樣？你以為你是什麼螢火蟲嗎？

最糟

汪汪汪汪汪！（我也不願意啊！就和這個時空移動一樣！）

正和敏瑞講
螢火蟲的事情……
該不會時空移動
和敏瑞也有關係？

暈頭轉向

你們是誰？

！

嘰嚇

好、好奇螢火蟲的光，
所以想來請教。

螢火蟲的光？

做得好

嗯，雖然
我不是昆蟲學者，
但我確實是在
研究光。

！

對光有興趣的孩子不多見，你叫什麼名字？

我是鄭多允，牠是 Mix。

嗯……看你的狗裝扮成這樣，想必你對昆蟲很有興趣。

氣噗噗

這不是我弄的

我是馬克斯·普朗克教授。

你好哇

你說你好奇螢火蟲為什麼會發光對吧？

有「螢雪之功」這一說，是吧？

如果把螢火蟲聚在一起，光的熱度不會導致燃燒嗎？

驚嚇！

螢雪之功是什麼，我不知道……

不過這和我最近研究的有點相似。

?

你看看這個。

翻找翻找

是在找什麼？

沸騰 沸騰

泡麵

螢火蟲

那不就可以用來煮泡麵

這個！

這……這不是煤炭嗎？

要用煤炭煮泡麵來吃嗎？

汪？

這個煤炭為什麼是黑色的呢？

這、這個嘛……

山是山……

水是水……

所以煤炭就該是黑的。

泡麵！泡麵

不是這樣的，
這是因為煤炭
不會反射光，
而是吸收全部的光，
所以看起來
才是黑的。

光

吸收
光……

吸收！

再看這個蘋果，
蘋果為什麼是
紅色的呢？

光滑

該不會是……
吸收其他光，
只反射紅色
光……

沒錯！
就是這樣。

呀！

車車車

燃燒

啊！

可是，如果讓煤炭燒得滾燙的話，又會如何呢？

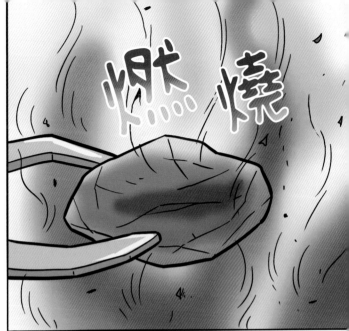

燃……燒

泡麵煮好可以吃了！
呼嚕嚕，好吃，
呼嚕嚕，好吃，
好吃的泡麵！

雖然我不知道泡麵是什麼，但不是那個……

呼嚕嚕

嗯，炭火的顏色……

變紅？

賓果！

沒錯，燃燒煤炭時，一開始會出現紅色，之後就漸漸變為青白色。

那麼，煤炭燃燒時，溫度是如何變化呢？

超級燙的啦！

那是當然的……

大步 大步

俄羅斯民俗舞

煤炭在常溫下，會吸收所有光，呈現黑色……

當溫度上升的同時，顏色就會持續變化。

依據上升的溫度，放出不同的光。

所以，溫度低時，吸收光……

光

吸收

溫度高時，會釋放出光？

發亮！

看來聽懂了。

燃燒

亮出

嚇

敲 敲

究竟是科學家，還是鐵匠⋯⋯

敲

敲

鐵匠熔鐵時，最在意的就是鐵的溫度。

不同溫度的鐵，可以做出不同東西。

喔！

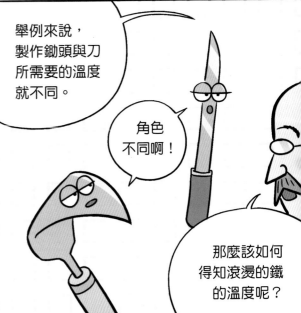
舉例來說，製作鋤頭與刀所需要的溫度就不同。

角色不同啊！

那麼該如何得知滾燙的鐵的溫度呢？

這裡有溫度計，用這個測量鐵的溫度就好啦。

那就不是量溫度，而是溫度計會被熔化……

唉呀呀。

熔化熔化

還好鐵匠可以藉由鐵的顏色判斷溫度。

嗯，這是 170℃。

牛頓發現太陽光是由多種顏色組成。

啊，是指三稜鏡實驗對吧？

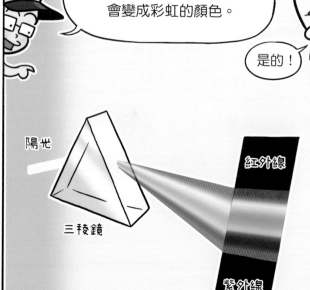

通過三稜鏡的光，會變成彩虹的顏色。

是的！

陽光

三稜鏡

紅外線

紫外線

波長大小（單位：奈米＊）

＊注：1 奈米（nm）是十億分之一公尺（m）

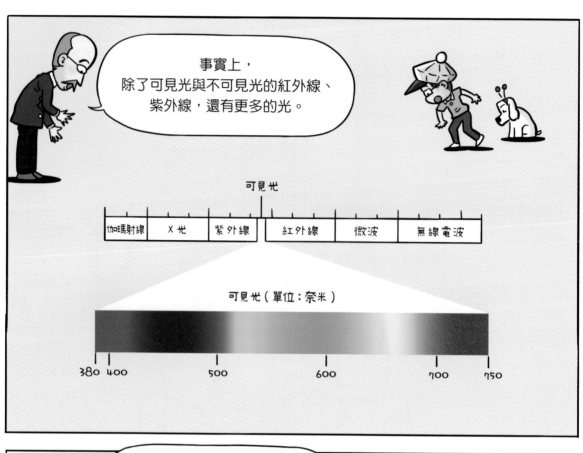

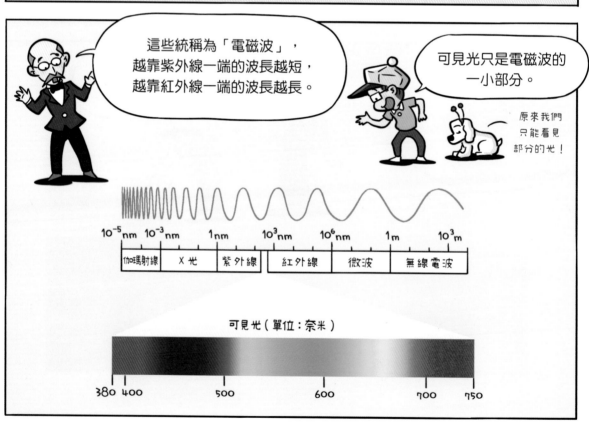

所以溫度上升，物質釋放出光……

也就是說……

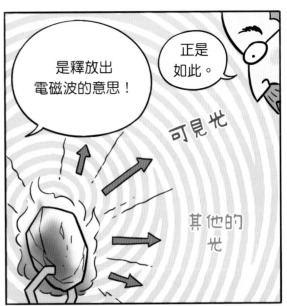

是釋放出電磁波的意思！

正是如此。

可見光

其他的光

這一類吸收熱的物質，再釋放出的電磁波稱為「輻射」。

輻射

應該不是那個影印*……

影印 影印

*注：韓文中的輻射和影印，字完全相同，同音異義。

從太陽而來的陽光，就是輻射能。

最近我在研究黑體輻射。

呃，黑體輻射？

* 注：韓文中的黑體與黑胡椒發音相同。

黑體……綠體……
白體……

喂！
你在胡亂說些
什麼啊？

話聽到一半……
要再回去才行……

這人真的
很奇怪，
完全不知道
他在想什麼。

光……溫度……
熱能……
輻射能……

就說
螢火蟲的光
不是來自熱能，
是因為
發光酵素！

到底為什麼不專心上課，一直在胡鬧啊！

吵死了！我要回去繼續聽故事才行啊啊啊啊啊！

怒吼

在玩哪招？快點回座位坐好……

……

……

列印

列印

老婆，妳看！Mix 的照片印出來了！

哈哈！
現在正式開始
露營！

第2章
煙火之夜
神奇的黑體輻射

爸，
我們買
帳篷吧！

？

兒子啊，
張大眼睛
看看這裡
寫什麼。

歡迎使用
營區帳篷。

不要一直
跑了！

烹飪用具、
烤爐租借、
販售柴火。

有這麼好的地方，還需要買什麼帳篷呢？

不要一直跑了！

啦♪啦♪啦

不用搭帳篷的露營算什麼露營啊！

這就像沒有紅豆的紅豆麵包、沒有湯圓的紅豆粥、沒有插蠟燭的蛋糕！

啦 啦 啦

喔，這個比喻有趣。

啦啦啦

喔，原來我們多允想要體驗真正的露營啊！

賓果！

來，這個拿去洗。

吼！為什麼是我？

露營的真諦是飯、是飯唷！你不做，誰要做？

哪有這種事情！

呱呱 呱呱

唉唷，好丟臉，裝作不認識……

唉，結果只能臣服在媽媽的暴政之下。

搓米

搓米
搓米

……

搓搓
搓搓

金敏瑞，妳為什麼一直跟蹤我啊？

說什麼啊！明明是你一直跟蹤我！

驚

金敏瑞

驚嚇

鄭多允

咦，那不是敏瑞姊嗎？
我又沒有和她說
要來這邊……

今天真的是
偶然嗎？

你在說什麼啊，
我媽喜歡露營，
所以我們
常常來這裡
露營。

今天也有
自己帶帳篷！

喔喔！
Really?

啊啊啊！
給我下去！

釘 釘

那個……
我可不可以……
幫忙搭帳篷啊？

什麼？

爸，剛剛遇到我班上同學，他叫鄭多允。

他說想幫你搭帳篷。

喔，是嗎？正好我也需要幫忙……

您好……

多允，
你爸媽在哪邊？

爸媽？

嚼嚼

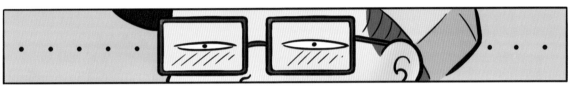

鄭多允！
帶著米去哪裡了？

看樣子
應該是去
那邊了……

Oh my God!
媽剛剛要我
去洗米！

我居然把
洗好的米
拿到這邊煮，
我在幹嘛？

鄭多允……
你在那邊幹嘛？

我說的
沒錯吧？

一陣涼意

真是對不起，
這孩子原本
就有點愛管閒事，
打擾你們了……

沒有、沒有。
我們是多允的同學
敏瑞的父母。

多允剛剛
還幫我們
搭帳篷。

多允剛剛
順手帶來的米
已經煮好了，
我們就一起吃飯吧。

可、可以嗎？

碎

哇！

真的好漂亮。
就像我
漂亮的臉蛋
一樣……

吼！

不，
是我們的
臉蛋！

這兩人
是怎樣？

沒錯、沒錯！

拍
拍

自戀的人
都聚集
在一起了……

她們……真的真的很奇怪……

……！

不是！
怎麼連我都這樣？

居然把煙火和敏瑞的臉結合在一起，我怎麼了？

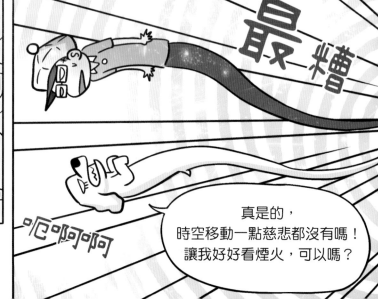

真是的，
時空移動一點慈悲都沒有嗎！
讓我好好看煙火，可以嗎？

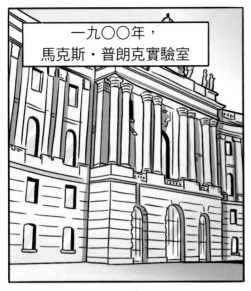

一九〇〇年，
馬克斯·普朗克實驗室

咦！又回到
馬克斯·普朗克
實驗室了。

嗯……

又來一次
到過的
地方？

你們
是誰？

我們又見面了，
普朗克大叔。

又見面？
我沒見過你，
你在說什麼啊？

呃，所以說……
這回是看到
華麗的煙火色彩
才過來的……

又來了！

！

煙火？色彩？
是啊，我也正好在
思考這個問題！

上次好像提到了黑體輻射。

！

啊，看來你是聽到我之前與學生的對話吧？

完全不記我了吧

該不會是記憶力差的天才？

1900yr.

上次來時，月曆是一八九九年，現在是一九〇〇年，來到一年後的「未來」了。

不是回到過去的過去，真怪。

所謂黑體，就是「黑色物體」的意思。

應該不是這個……

黑色物體……

灑灑

黑色物體的話，該不會是……

……

啊啊啊啊～

哇哈！

不是那種恐怖怪物，是與光、溫度相關的假設性物體。

該不會是煤炭那一類的？

哇哈哈！

別過來！

我聽說煤炭一類的黑色物體，溫度低時會吸收光。

是的，沒錯。

吸收！

不只煤炭，若物體吸收光或能量，

該能量再度放出，就稱為「釋放能量」。

放出！

這時，會根據該物體的溫度，釋放出對應的光。

放出！

釋放，發發發射！

高溫

更高溫

一八九三年，德國物理學家威廉・維因發現這些重要的關聯性。

首先，不論在何種溫度下，物體都會釋放各種波長的光，但只有特定波長的光較強。

最強的波長就是我！

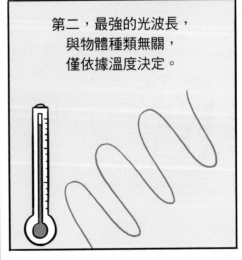

第二，最強的光波長，與物體種類無關，僅依據溫度決定。

鐵的溫度低時，最強光的波長是我們看不見的紅外線，
所以就好似沒有發光一樣。

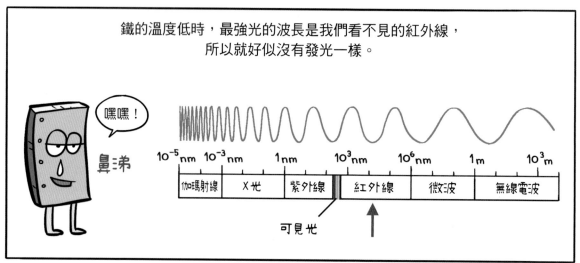

溫度上升時，最強光漸漸往波長短的一側靠近，
所以可以看見深黃色。

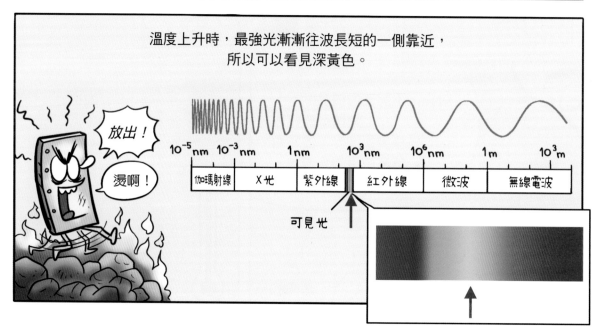

所以在燒鐵時，
若看到黃色就是
釋放的光波長
變短的關係？

沒錯。

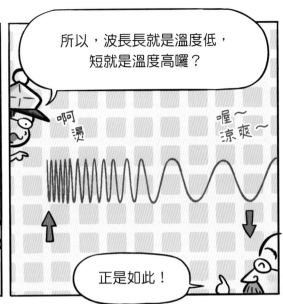

所以，波長長就是溫度低，
短就是溫度高囉？

啊呵燙

喔～涼爽～

正是如此！

？

光、波長、溫度……

哇啊

黑體，
你什麼時候
才要出現！

現在開始
出現……

可以把黑體想像成中空物體，
被刺穿了一個小小的針孔。

針孔

光透過
針孔進入。

在中空物體內不斷反射的光，
很難再次穿過針孔出去，對吧？

若這個物體能吸收光，
就是黑體。

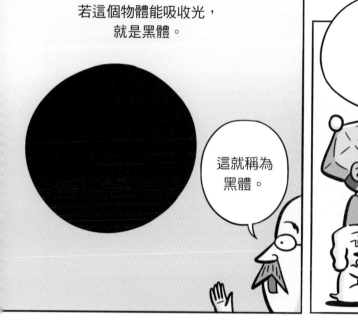

這就稱為
黑體。

那麼黑體
永遠無法
發光嗎？

哇哈哈

真羨慕

好可憐……

不，
不是這樣
的。

黑體持續吸收光的情況下，
終究還是會從小針孔中釋放出光！

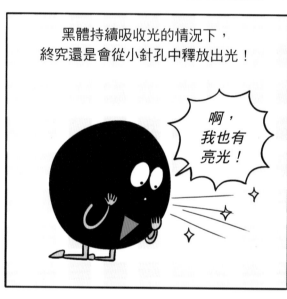

啊，
我也有
亮光！

但黑體釋出的光
與黑體本身的材料
無關。

……

只和黑體的溫度有關。

光展現我的
內心溫度……

波長

其結果
剛好符合
威廉・維因的
主張。

我主張了
什麼？

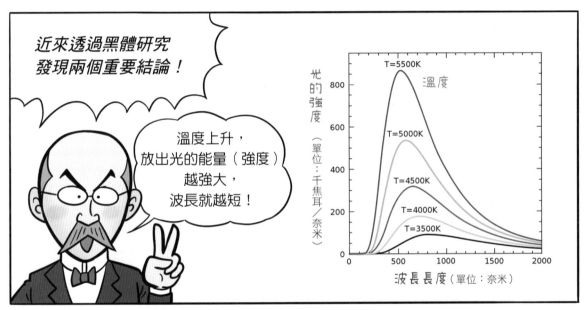

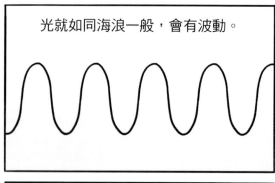

不過英國物理學家約翰·斯特拉特找出可以解釋波長較長部分的方法。

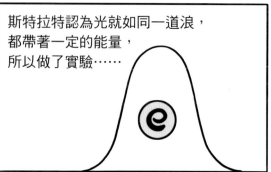

光就如同海浪一般，會有波動。

斯特拉特認為光就如同一道浪，都帶著一定的能量，所以做了實驗……

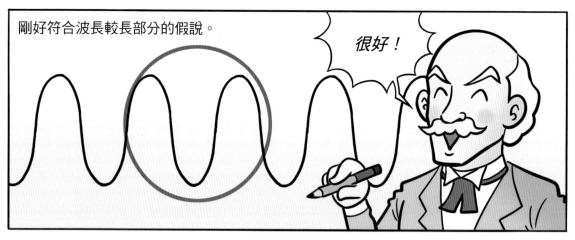

剛好符合波長較長部分的假說。

很好！

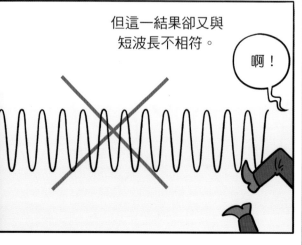

但這一結果卻又與短波長不相符。

啊！

喔，光啊！你到底是何方神聖！

凹嗚～！

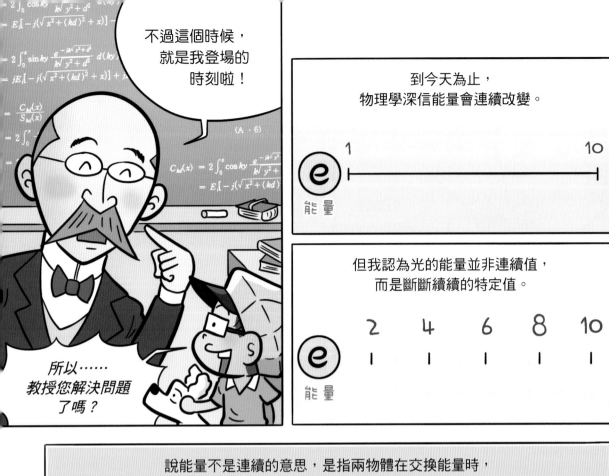

不過這個時候，
就是我登場的
時刻啦！

所以……
教授您解決問題
了嗎？

到今天為止，
物理學深信能量會連續改變。

但我認為光的能量並非連續值，
而是斷斷續續的特定值。

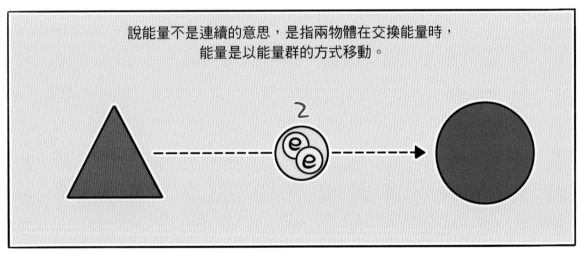

說能量不是連續的意思，是指兩物體在交換能量時，
能量是以能量群的方式移動。

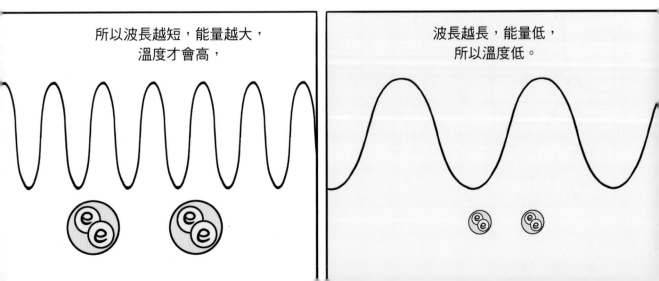

所以波長越短，能量越大，
溫度才會高，

波長越長，能量低，
所以溫度低。

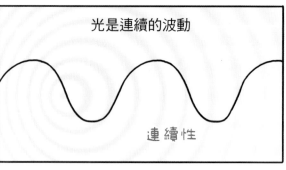

這樣一來，就能解釋所有波長的光。

呃呃，似懂非懂，好難啊。

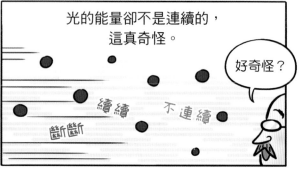

光是連續的波動

連續性

光的能量卻不是連續的，這真奇怪。

好奇怪？

續續　不連續

斷斷

但若想成光的成因，是因為黑體顆粒不連續的振動……

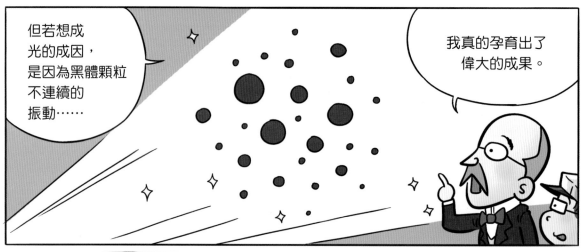

我真的孕育出了偉大的成果。

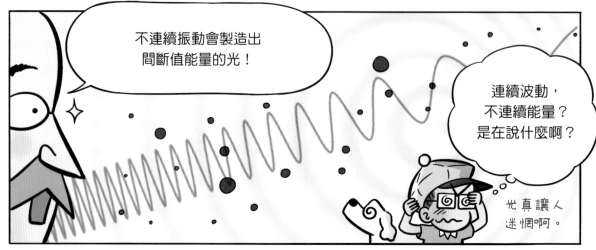

不連續振動會製造出間斷值能量的光！

連續波動，不連續能量？是在說什麼啊？

光真讓人迷惘啊。

還有不懂的話，可以參考我的筆記，我剛剛說的都有摘要在筆記裡。

謝謝，可是不知道我能不能懂……

看來量子力學的「量」是能量群體的意思……

啊啊啊……

砰

砰　　砰

那黃色的煙火也是物體發出的強勁光波長……

什麼？

就是帶有不連續能量的光……

第3章

馬鈴薯與光都是一粒粒

愛因斯坦的光量子論

哇啊！土裡居然有大蚯蚓！

敲敲
挖

喔？

哇哈，比我的頭還大顆！我是第一名！

啊

哇

說誰是第一名啊？

登登

太不像話了！

是漫畫咩。

呵呵，這是雪人造型馬鈴薯！

哈哈，我的是汽車造型馬鈴薯！

無言

瓜、瓜！

馬鈴薯共和國與地瓜世界的戰爭開打了！

我開心。

這已經不是想像力，是荒謬了！

滋滋滋

♪

孩子們，吃點心了。

阿公、阿嬤！

點心！

哇！好好吃的樣子！

哇啦哇啦 嚼嚼

這樣會噎到，吃慢一點。

爸，你真的很了不起，一輩子做物理研究的人，居然願意來鄉下種田。

該做的事都完成了，就該回歸自然。

阿公，你看！我挖到和阿公的頭一樣大的馬鈴薯！

獻寶

阿公的頭很大，比那個還大！有沒有嚇到啊？

還刻意強調，真是謝謝啊。

嗡

！

瓢蟲！

落地

54

啊，
為什麼又這樣？
出現敏瑞的臉了！
啪
啪

！
嗡

啊啊啊，
要瘋了！
為什麼敏瑞
一直……！
？
嗡

敏瑞？
敏瑞妳怎樣？
啊，沒有。
沒事。

應該是在
太陽下晒太久了，
先去陰影處
休息一下。

阿公出個謎題給你們猜，好嗎？

好！

猜猜看，馬鈴薯與下列何種植物同類？

1.地瓜

2.胡蘿蔔

3.番茄

4.洋蔥

哇啊

正確答案是地瓜！

這孩子又來了。

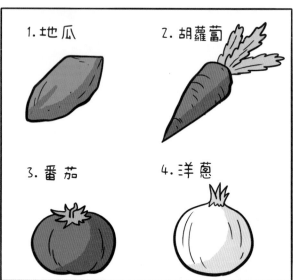

錯！

胡蘿蔔？

急速挫敗

錯！

那是洋蔥？

錯！

隨即恢復

啊……
到底是什麼？
太難了吧！

有什麼好煩惱的？
不是就剩下
一個……

所以是……
番茄？

答對了！

太不像話了！
顏色與外觀
完全不一樣！

一個長在土裡，
一個長在外面！

拿出

拿出

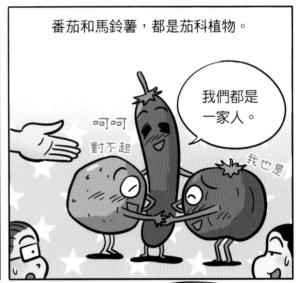

番茄和馬鈴薯，都是茄科植物。

我們都是
一家人。

呵呵

對不起

我也是

花的樣貌相似，果實成長的方式也相似。

馬鈴薯花

番茄花

好的，既然猜對了，
就有禮物。
閉上眼睛，
說「啊——」。

啊——

57

啊——

餵餵餵

我也要

嗯,好吃。
這是魷魚乾嗎?
又好像肉乾。

咬咬
咬咬

是牛蛙乾。

噁噁!

?

哇,
真好!

真的有
好多星星。

這是都市
看不到的景象。

如同江水般的天空,
雪白的銀河。

銀河?
牛郎星
和織女星
在哪邊?

就在那邊啊。

牛郎星是指
天鷹座 α 星……

天琴座 α星
（織女星）

織女星則是
天琴座 α 星。

拍星星超難的，
曝光時間
要剛剛好
才行。

喀嚓
喀嚓

唉唷，
真的一張都沒拍好！
愛因斯坦，
你要好好拍啊！

愛因斯坦？

我的數位相機的名字
是愛因斯坦。

喔喔！

這名字取得好。
其實能有數位相機
也是托愛因斯坦的福。

喔！

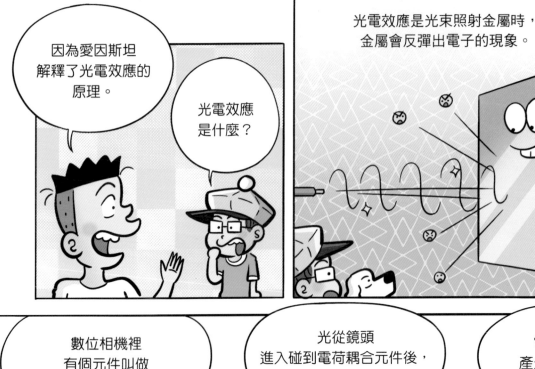

因為愛因斯坦解釋了光電效應的原理。

光電效應是什麼？

光電效應是光束照射金屬時，金屬會反彈出電子的現象。

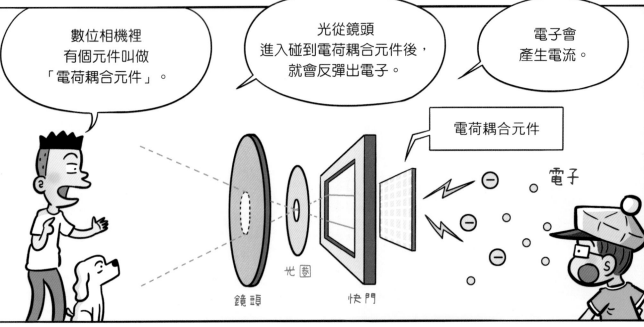

數位相機裡有個元件叫做「電荷耦合元件」。

光從鏡頭進入碰到電荷耦合元件後，就會反彈出電子。

電子會產生電流。

電荷耦合元件

電子

鏡頭　光圈　快門

轉換成電子訊號後，就可以製作影像，所以才稱為數位相機。

數位數據轉換

A/D

記憶卡

影像檔案儲存

快門

喔，原來還有這麼深奧的含義。

雖然原理說明很具體，看了還是不懂……

啪

啊！

怎麼了？是停電嗎？

蠟燭在哪裡?

手電筒、手電筒!

在這裡!

打開

呀啊啊!

別鬧了,太亮了。

光和臉結合,就會有醜男出現!顆顆!

鄭多允,你是講夠……

是因為說爸爸是醜男,所以被懲罰了嗎……

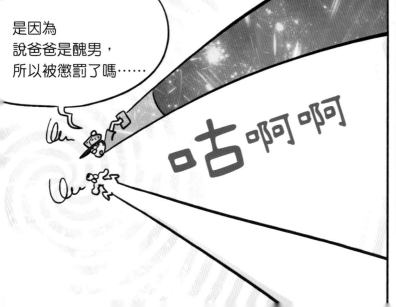

咕啊啊

一九〇五年,瑞士專利局辦公室

嗯嗯，
嗯啊……

吼！
那個大叔……

敲敲

咦！我正在
進行假想實驗，
幹嘛來吵我？

假想
實驗？

對！
就是在
腦海裡
做實驗！

你這小孩
怎麼會來
專利局？

該不會是……
來申請專利的吧？

這裡是專利局！
這個人是愛因斯坦！

不是，
數位相機……啊不！
是好奇光電效應，
所以想來請教！

！

哇！太驚人了。
你這年紀的孩子，
居然知道
光電效應！

我現在正在思索
如何用普朗克教授的理論，
說明光電效應。

！

是上次那位，
馬克斯·普朗克！

五年前，
也就是一九〇〇年……

德國馬克斯·普朗克教授
研究黑體輻射時，
曾經煩惱過的光與能量。

我也在
他的旁邊

我也是

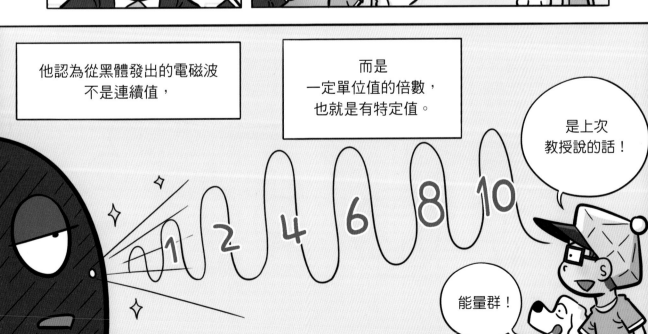

他認為從黑體發出的電磁波
不是連續值，

而是
一定單位值的倍數，
也就是有特定值。

是上次
教授說的話！

1 2 4 6 8 10

能量群！

是說
量子假說
對吧？

吼！
你還是個孩子，
怎麼會……？

量子假說是
當物體能量交換時，
某一能量群
就會集結起來
進行傳導。

你到底是
什麼小孩
啊！

是的，沒錯！普朗克教授認為
形成物體的原子或分子的振動能量……

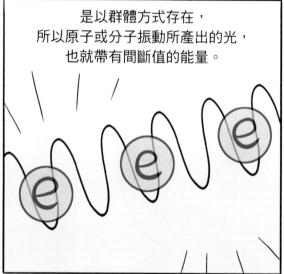

是以群體方式存在，
所以原子或分子振動所產出的光，
也就帶有間斷值的能量。

不過，
我認為光的能量
只能結合成群體。

是再也無法分隔的
最小單位「粒子」。

粒子！

我把這個稱為「光量子論」。

粒子

光

馬克斯·普朗克教授說，光是帶有能量群的波。

愛因斯坦的想法好像有點不一樣。

一八八七年，德國物理學家赫茲做電磁波實驗時，發現光電效應的幾個情況。

喔喔！

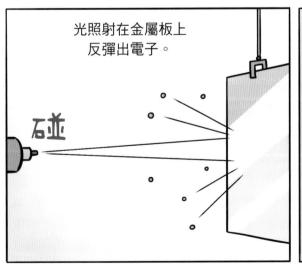

光照射在金屬板上反彈出電子。

碰

這個反彈的電子，稱為「光電子」。

不是兩光的光，而是光線的光。

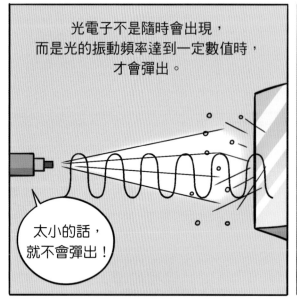

光電子不是隨時會出現，
而是光的振動頻率達到一定數值時，
才會彈出。

太小的話，
就不會彈出！

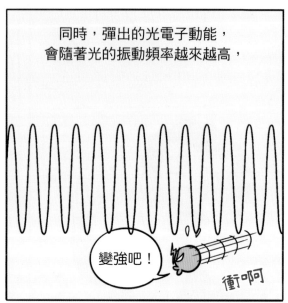

同時，彈出的光電子動能，
會隨著光的振動頻率越來越高，

變強吧！

衝啊

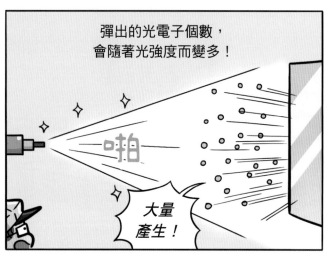

彈出的光電子個數，
會隨著光強度而變多！

啪

大量
產生！

啊啊啊，振動、波長、
振動頻率、波……都搞混了啊。
這個和那個都好像……

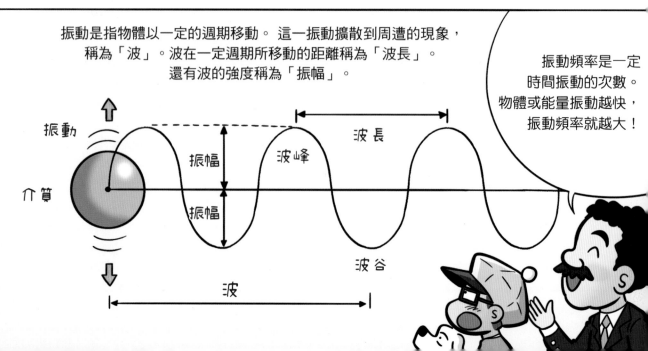

振動是指物體以一定的週期移動。 這一振動擴散到周遭的現象，
稱為「波」。波在一定週期所移動的距離稱為「波長」。
還有波的強度稱為「振幅」。

振動頻率是一定
時間振動的次數。
物體或能量振動越快，
振動頻率就越大！

振動

介質

振幅

振幅

波長

波峰

波谷

波

不過光若為波動無法說明光電效應。

所以我認為光是以稱為「光子」的粒子型態流動。

一個個光子的能量，會讓光的振動頻率越來越大。

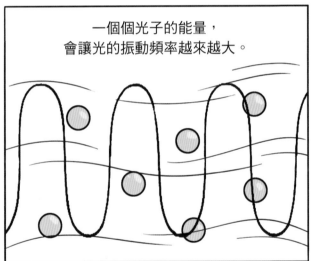

光子的個數越多，光的強度就越強！

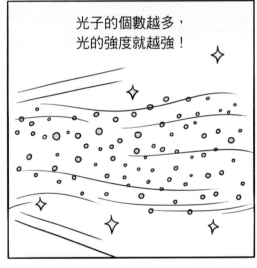

這就是光量子論。

原來愛因斯坦認為光是粒子。

喔，吃一個吧。就把光想像成糖果般的粒子。

我也要！

暈眩

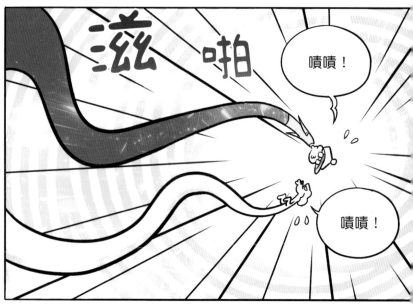

滋 啪

噴噴！

噴噴！

啪

呼，
電來了。

亮

啊，
帶來光明的
燈光啊！

嚼
嚼

沒有燈光，
我們該如何生活啊？

什麼怎麼活，
連宇宙生命
都無法存在了。

呱拉拉啦啦啦！

第4章
回到洗手間的時間？

現代物理學的支柱：相對論和量子力學

嗚嚕嚕，哐！

吼，什麼？
打雷嗎？

嚇醒

呃啊，
我忍不住了！

站起

？

關門

吃太多
馬鈴薯煎餅
了吧……

這是他
一個人全吃完的
代價！

哐 砰

嘩啦啦

轟隆隆

哇,
好神奇!
像炸彈的聲音!

你們這時間
在做什麼?

多允肚子痛,
正在拉肚子。可能是
吃太多馬鈴薯煎餅了。

唉唷,是我做的
馬鈴薯煎餅
太好吃了嗎?

多允都變這樣了,
還這樣說。
還不快去拿藥!

哐

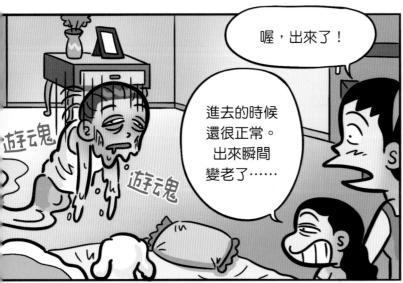

喔,出來了!

進去的時候
還很正常。
出來瞬間
變老了……

遊魂

遊魂

呱啦

呱啦

吼!

關門

噗啊啊
滾滾滾!!!
拉拉
狂滾 狂滾

呵呵!
簡直像是
戰爭!

不准笑—!
妳哥這麼
痛苦,
妳居然還
笑得出來。

兒子,
你還好嗎?

我正以光速
在拉肚子……

吼
滋啪!

所以你知道
光的速率?

當然,
一秒跑
30 萬公里,
可繞地球
七圈半。

喔!那提到光,
會先想到哪一位
科學家?

現在這個狀態,
還一定要回答嗎?
愛因斯坦!

喔!

怎麼這樣問
快失去靈魂的
孩子啊?

原因是?

金屬,呃!
受到光……
光照射,
會彈出電子的
光電效應……
啊!

哇嗚!

哇哈哈！
這孩子
拉個肚子，
智慧
就全開啦！

哥明明就
不舒服，
居然還
笑得出來？

愛因斯坦認為光不是連續波動，
而是稱為光子的粒子在流動，
成功的解釋光電效應。

每一個光子的能量，
會依據光的
振動頻率不同
而不同……

兆赫茲

兆赫茲

＊注：兆赫茲是頻率的單位。

可以將
光的強度視為
光子的個數。

那正是
「光量子論」。
喔喔喔喔……

是的，讓馬克斯·普朗克的
量子論得以發展，
並完成量子力學的大功臣，
就是愛因斯坦的光量子論。

光量子論

量子

量子論

力學

真是棒，
我們家孫子
真的很了不起！

還有吃
馬鈴薯煎餅
也很了不起！

當時的人
多數都認為，
光帶有波動性。

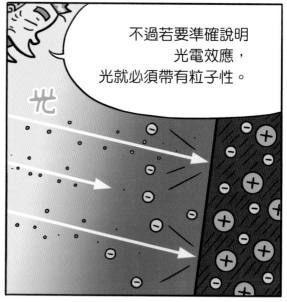

不過若要準確說明
光電效應，
光就必須帶有粒子性。

光

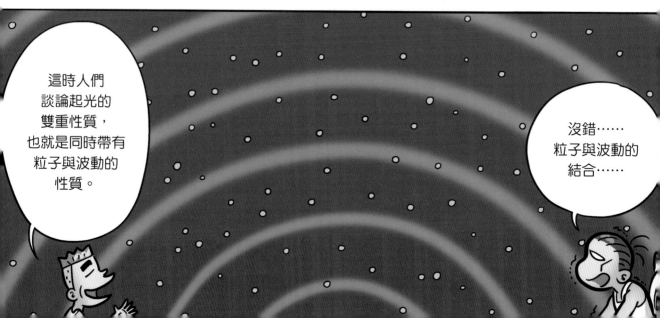

這時人們
談論起光的
雙重性質，
也就是同時帶有
粒子與波動的
性質。

沒錯……
粒子與波動的
結合……

量眩

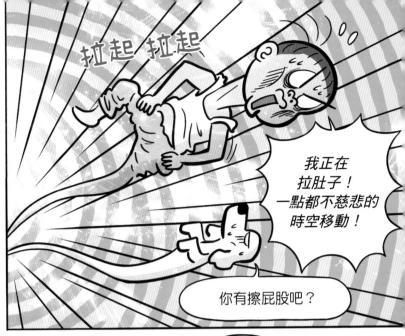

拉起 拉起

我正在拉肚子！一點都不慈悲的時空移動！

你有擦屁股吧？

再次回到一九〇五年，瑞士專利局辦公室

喔？又回到專利局？

愛因斯坦還是那個姿勢。

愛因斯坦大叔，您好，又見面了。

唉呀，我的媽啊！

你怎麼這副模樣？是流浪漢？

而且我沒有見過你的印象……？

不是……我是拉肚子……

奇怪了……
怎麼和普朗克一樣，
愛因斯坦也不記得我。

果真時空移動
還是有什麼
限制吧？

要申請專利的話，
請先填寫資料。

我們
不是要來
申請專利。

既然來了，
就申請吧！
時空移動的
專利！

嘿
嘿

不要一直
嘻嘻笑！

！

怎麼了？

廁……廁所在哪裡？
呃啊！

又來！

那邊！

關門

唰 唰

很會拉肚子
也能申請專利嗎？

十分鐘後

呃，現在看起來更可憐，看不下去了！

遊～魂　遊～魂

吼！怎麼變成憂鬱蝸牛了。

身體好像不太好，要帶你去看醫生嗎？

不用了……現在已經沒東西可以拉了……

好可怕

那你快點回家，我還要繼續假想實驗。

我現在……正在思考「相對論」！

狹義相對論的那個相對論？

喔，沒錯！是狹義相對論！因為加了狹義兩個字，與我的理論剛好相符？

抱起

你該不會是從我腦子裡出來的吧？太聰明了！

喔喔！別碰他，會拉出來的！

啊，對不起。

狹義相對論是什麼……？

狹義相對論的原理
很簡單。

不論何種情況，
光的速率
都固定！

光速不變
原理！

想像一下
身處在行駛速率為
每秒 10 萬公里的
火車裡。

火車衝破黑暗
跨越銀河～

噗噗

銀河鐵路
999 ～

哇，
真的超級快！

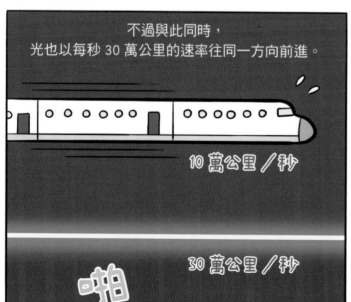

不過與此同時，
光也以每秒 30 萬公里的速率往同一方向前進。

10 萬公里／秒

30 萬公里／秒

啪

那麼，
你們看到的光的
速率是多少呢？

…

嗯……
每秒 30 萬公里－每秒 10 萬公里＝
每秒 20 萬公里！

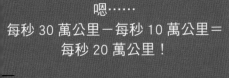

10 萬公里／秒

30 萬公里／秒

光應該會以
每秒 20 萬公里的速率
前進，對吧？

錯

不是這樣的！
光速還是會以
每秒 30 萬公里
的速率前進！

怎麼可能！

再問你一個
問題！

什麼？

如果火車以
每秒 10 萬公里的速率，
朝光相反的方向前進，
你們看到的光的速率
是多少呢？

……

噗噗

10 萬公里／秒

啪

30 萬公里／秒

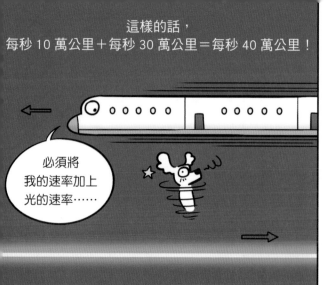

這樣的話，
每秒 10 萬公里＋每秒 30 萬公里＝每秒 40 萬公里！

必須將
我的速率加上
光的速率……

應該是每秒 40 萬公里
才對……

ㄅㄨ……

可是！

光依舊以每秒 30 萬公里的
速率前進，對吧？

沒錯，
答對了

是的，
這就稱為
「光速不變原理」。

所以不論何種情況，
光的速率都是
每秒 30 萬公里！

我可是相當
固執的！

一日是 30 萬公里，
就永遠是
30 萬公里！

是的、是的，
沒錯！
一日海軍，
終生海軍！*

啪

*注：海軍陸戰隊的口號，源自於美國。

光果真
是絕對的
帝王！

我很
寬大的！

很棒、
很棒！

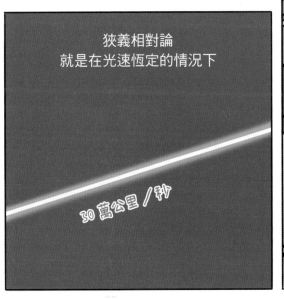

狹義相對論
就是在光速恆定的情況下

30 萬公里／秒

物體的運動和時間
會相對於觀察者的不同而不同。

光在跑。

也就是沒有
絕對的運動與時間。

如果覺得
上課時間
過得很慢……

玩遊戲的時間
過很快，
也是相對論？

不是那樣。

這與牛頓
主張的力學不同，
是新的物理法則。

牛頓

那顆蘋果
任誰看都會認為
在靜止的絕對空間裡，
進行絕對的運動，
運動的時間
也是絕對的！

掉落

不是的，沒有所謂蘋果的絕對運動，蘋果的運動也是根據觀察者的運動狀態不同而不同！

光的速率

掉落

是這個意思嗎？

正是如此！

牛頓如果知道這個事實，應該會很難過，說自己錯了。

不，正好相反！

他應該會因為我們又更靠近宇宙的法則，感到開心吧？

嘻嘻

亮

透過狹義相對論看這個世界，就會發生特別的事情。

狹義 相對論

第一，
在我看的同時，
即便有某件事情發生，

對另一個人來說，
也可能什麼事情都沒有發生。

泰然

不論是否同時間看，
還會根據觀察者的
運動狀態不同
而不同。

第二……

移動中的時鐘，
會比靜止的時鐘時間走得還慢。

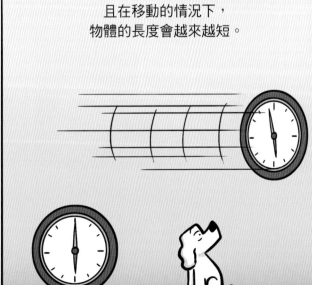

且在移動的情況下，
物體的長度會越來越短。

啊！
以前和爸爸
一起看過一部
科幻電影
《浩劫餘生》。

快速飛出地球的太空船，

在探索宇宙行星
任務結束後，
再次飛回地球。

可是地球的時間過得很快，回到地球時，
家人都死了，國家也都消失了。

變成由猴子
支配地球的電影。

沒錯！
這就稱為
「孿生子弔詭」。

雙胞胎中的一人去宇宙旅行，
另一人留在地球上，
結果兩人的年紀居然不一樣。

姊姊！

妹妹，
妳怎麼變
這麼老？

總之，
我想出了
狹義相對論
之後……

要擴展到
速率變化的情況，
雖然有點複雜。

手一揮

呃

啊，是在說
廣義相對論啊！

拉嚕嚕

咦，
在做什麼？

喝這茶吧，
對身體好。

可以有效緩解拉肚子。

謝謝～

呼嚕 呼嚕

85

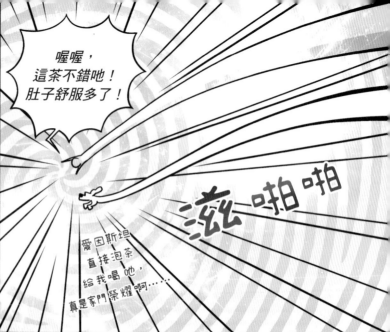

阿公！
量子力學和相對論
有關係嗎？

這孩子
怎麼拉個肚子
就變得那麼厲害。

就是說啊，
好像該研究
腹瀉和大腦的
關係才對。

相對論
與量子力學
有一個共同點。

量子力學

相對論

謝謝你，
牛頓，
因為你
才能有所發展。

就是超越
牛頓的古典力學，
開啟嶄新物理學世界
的這一點。

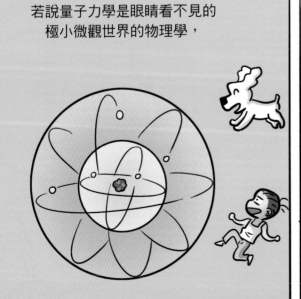

若說量子力學是眼睛看不見的
極小微觀世界的物理學，

相對論就是處理廣闊世界，
也就是包含宇宙與重力的巨觀世界物理學。

既然肚子沒問題的話，
就快去睡吧。

我們可以說，
現代物理學的
兩大支柱
就是量子力學
與相對論。

現代物理學

相對論

量子力學

打呼！

究竟微觀世界
與巨觀世界中，
哪個地方
可以知道
宇宙的祕密呢？

人類可以有
完全理解宇宙法則
的那一天嗎？

一起動動腦
愛因斯坦的 ○ ✕ 問答

❶ 愛因斯坦主張,光是由稱為「光子」的粒子組成的「光量子論」。 ○ **✕**

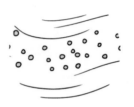

❷ 只要將光想成是波的話,就可以說明光電效應。 ○ **✕**

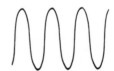

❸ 根據光量子論,光子的能量會因為光的振動頻率越高而越小。 ○ **✕**

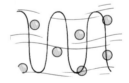

❹ 根據光量子論,光的強度越強,光子的個數就越多。 ○ **✕**

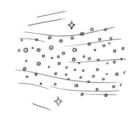

嗯,雖然是我出的問題,但我也覺得很模稜兩可⋯⋯

❺ 狹義相對論的基本原理就是觀察者不同，光的速率就會有所不同。　○　**X**

❻ 在秒速 5 萬公里的火車上，觀察與我朝同一方向前進、秒速為 20 萬公里的另一輛火車，我觀察到的速率是每秒 15 萬公里。　○　**X**

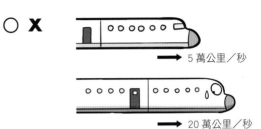

5 萬公里／秒

20 萬公里／秒

❼ 在秒速 5 萬公里的火車上，觀察與我朝同一方向前進、秒速為 30 萬公里前進的光，觀察到的速率為每秒 25 萬公里。　○　**X**

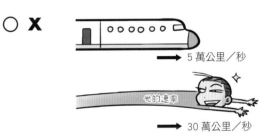

5 萬公里／秒

30 萬公里／秒

❽ 根據狹義相對論，在我看的時候發生的兩件事情，其他人同時也會看到同樣的事情發生。　○　**X**

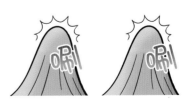

所以……答案是什麼呢？

答案請見第 194 頁

猜猜看
這是什麼？

哇，
好神奇！

影子
遊戲！

第5章
兩道彩虹的山丘
光的特性：折射與散射

真幼稚，
為何小孩
都喜歡這個……

好了、好了，安靜！

影子遊戲的
原理是
什麼呢？

你不也是
小孩？

我的心智年齡
比較大，
好嗎？

我和你們
不一樣

當然就是影子！

是的，但若要有影子……？

就需要光！

答對了！

驚！

我變成了一隻鳥兒

答錯也沒關係的。

科 科

光照射物體時，會產生影子的原因，

是因為光有直射的性質。

萬一光不是直射，而是彎曲的話會如何呢？

！

就會往物體後方彎曲，無法產生影子！

還我影子！

空

小鳥！

聰明！

亮

喔，
是滿月！

我們可以看見物體，
也是因為物體反射光，
進入我們的視野。

是的，那是滿月。
滿月是
自體發亮的嗎？

不是，
是反射太陽光。

是的，
沒錯！

看吧！
（吐舌頭）

反射給你。

反射給妳！
反射！反射！

反射反射
反射！

可以停了……

如果物體接收光不反射，而是全部吸收時，看起來會是什麼樣子呢？

我是什麼海綿嗎？

如果是人的話……透明人？

隱形

咦！

不是，物體看起來是黑色。

多允同學答對了。

敵視

拜託你們停止

你們該不會是喜歡對方吧？

是啊，吵架也是一種愛。

才不是！

總之只走直線的光，有時也會折射。

折

吼

例如
海市蜃樓。

沙漠的
海市蜃樓！

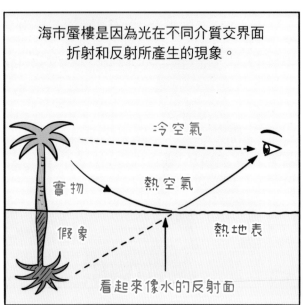

海市蜃樓是因為光在不同介質交界面
折射和反射所產生的現象。

冷空氣

實物　　熱空氣

假象　　　　　熱地表

看起來像水的反射面

物體前方出現霧氣，
導致看不清楚物體的現象，
也是類似原理。

吼吼！

步履

蹣跚

嗚嘿嘿，
有綠洲！

水！

水！

水！

水

噠噠

噠噠

咦，奇怪？綠洲為什麼不見了？

喘 喘

呵呵，在那邊！

又不見！

咳咳咳

唰

喂！綠洲！你是在玩我嗎！

這是光轉彎產生的錯覺！

太認真想像口好渴

咕嚕咕嚕

光穿越某一物質彎曲的現象……

稱為「折射」。

物質

霧氣或是海市蜃樓就是折射與反射產生的現象。

外星人！

是人啊……

來，我們來看看這個。

哇，真的變彎了！

所謂折射，是光從一物質進入另一個物質時，在其介面產生彎曲的現象。

這裡有個問題！

這姿勢是怎麼回事？

我們用肢體語言表現我們面對問題的心。

我們科學班的孩子怪怪的……

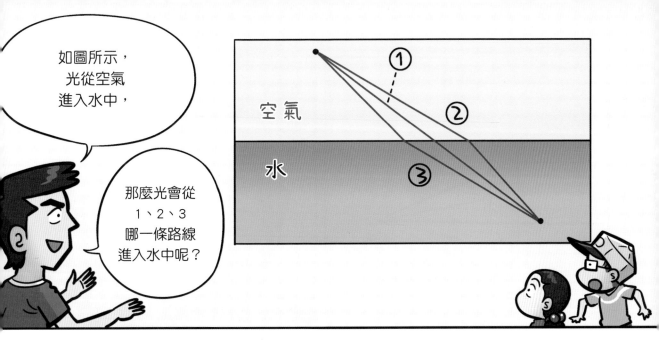

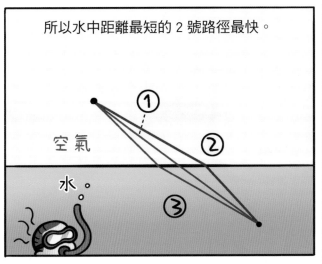

光會選擇最快的路徑前進。

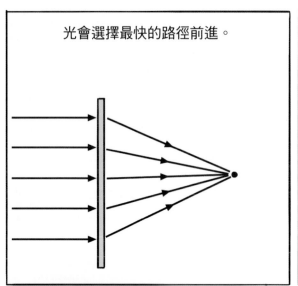

這就是
「最短時間原理」。

光直射或是折射，
都是光選擇
最快路徑的結果。

好，
接下來……

按！

哇，
是彩虹！

這是我們可以
看到的可見光。

紅橙黃綠藍靛紫……
我的心如同彩虹，
七顆心全部都
閃閃發亮。

欲望、生氣、
虛張聲勢、恐懼、
愚蠢、狡猾、
傲慢……
總共七個。

100

才不是！
明明是開心、
正向、希望、
從容、愛、
照顧、和睦！

總之和妳不搭，
什麼彩虹
與妳的心結合。

暈眩

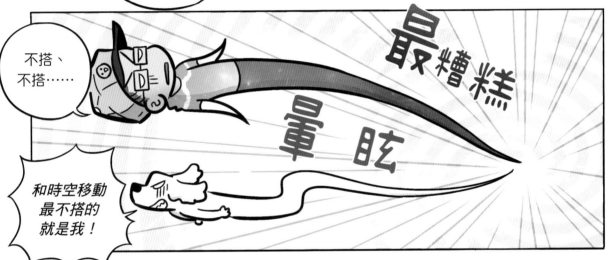

不搭、
不搭……

最糟糕

暈眩

和時空移動
最不搭的
就是我！

一八七一年，英國

這裡又是
哪裡……？

雨後的天空真的很漂亮又乾淨。

可為什麼天空不是紅色，也不是黃色，而是藍色呢？

喔！

哇，是彩虹！

吼
嚇死我了！

你什麼時候出現的？怎麼無聲無息的……

大叔您是誰？

我是約翰・斯特拉特，在劍橋大學念科學。

你住附近嗎？好像沒有見過你

對，不久前剛搬來的。

我在想為什麼天空是藍色的。

白天如果天空是黑的話，也很奇怪吧。

不是那種小事，是基本的原因！

等等！劍橋大學的話，不就是牛頓的……

指

沒錯，牛頓就是我的老師！

你知道彩虹形成的原因嗎？

嗯，彩虹分別是不同顏色的可見光。

我們很懂光，呵呵

是和我聊得來的孩子！

我的大前輩牛頓爵士
發現可見光中夾雜各種顏色。

七種光的顏色
彩虹啊～

光穿過三稜鏡時，
不同顏色有不同的折射程度，
所以形成彩虹色彩！

折射角度
不同！

雨過天晴之後，
空氣中聚集
很多水滴。

水滴很小，
所以眼睛看不見。

許多的小水滴
就像是三稜鏡。

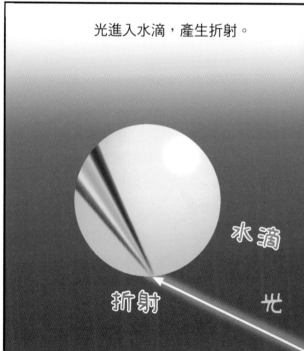

光進入水滴，產生折射。

水滴

折射

光

折射的光在水滴中
又產生一次部分反射。

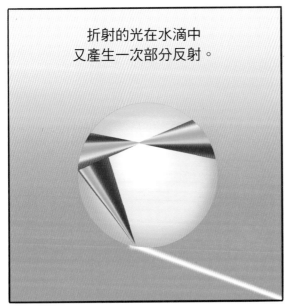

之後要再次回到空氣中時，
又經過一次折射，

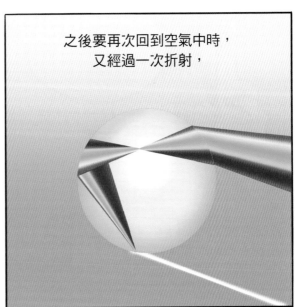

為什麼會有
彩虹雙胞胎呢？

大自然
也有同卵
雙胞胎啊

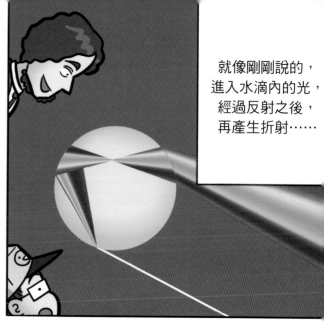

就像剛剛說的，
進入水滴內的光，
經過反射之後，
再產生折射……

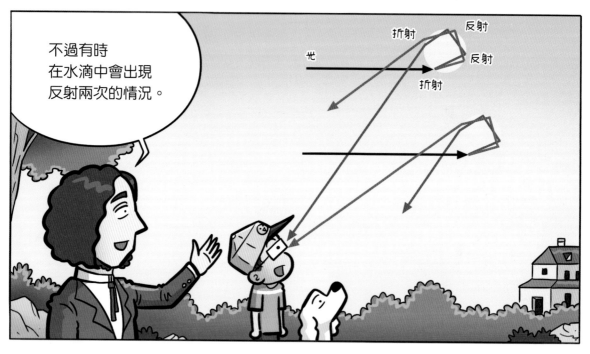

不過有時
在水滴中會出現
反射兩次的情況。

折射　反射

光

反射

折射

歷經兩次反射的
微弱光，
就會形成
我們看見的
另一道彩虹。

啊，不過
第二道彩虹的
順序正好
相反吔？

這是因為
在水滴中歷經
兩次反射的緣故。

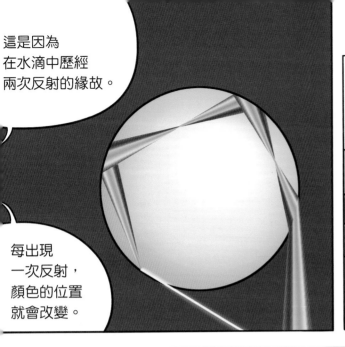

每出現
一次反射，
顏色的位置
就會改變。

藍色的天空
有彩虹雙胞胎……
大自然是科學家，
又是藝術家……

好棒的
一句話！

啊，對了，
您說您在思考天空
為何是藍色對吧？
想到是
什麼原因嗎？

嗯……
可能是
光的
散射。

咕咕咕

光會產卵＊？
又不是雞……

雞

下蛋

下蛋

下蛋

不是產卵，
是「散開」的
散射！

＊註：韓文中散射和產卵是同一個詞。

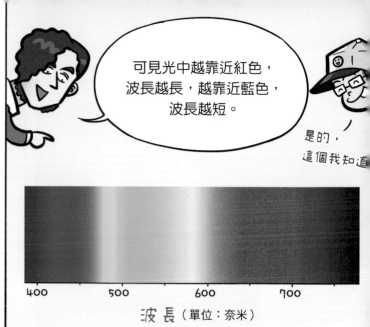

可見光中越靠近紅色，波長越長，越靠近藍色，波長越短。

是的，這個我知道

光散開？

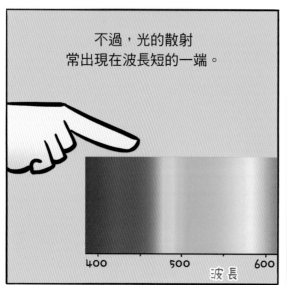

不過，光的散射常出現在波長短的一端。

那麼，因為波長短的藍色一端更容易出現散射……

所以說我們的眼睛可以看見更多藍色囉。

對。

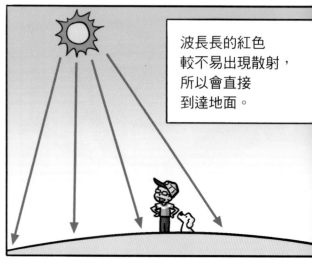

波長長的紅色較不易出現散射，所以會直接到達地面。

但是波長短的藍色會散射，也就是會散開，

在天空擴散。

紫色也很容易散射，但我們的眼睛更容易看到藍色。

藍色好～

可是……天亮時分或夕陽西下時，天空看起來是紅紅的？

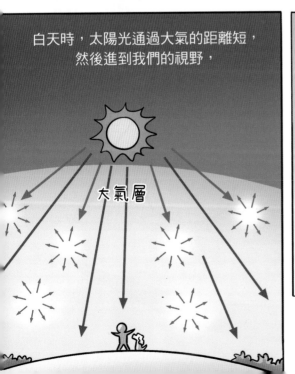

白天時，太陽光通過大氣的距離短，然後進到我們的視野，

大氣層

光行進距離較短時，會有許多散射的藍光進到我們眼中。

藍色勝利！

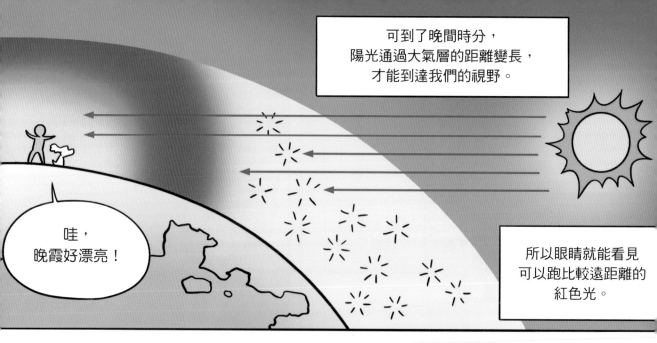

可到了晚間時分，
陽光通過大氣層的距離變長，
才能到達我們的視野。

哇，
晚霞好漂亮！

所以眼睛就能看見
可以跑比較遠距離的
紅色光。

滴落

滴落

通過水滴
的光，
也會歷經折射
與散射。

！

滴落

暈眩

散射……

水滴、
折射……

滋 啪啪

有人知道
天空出現
彩虹的
原因嗎？

好的，多允同學
請回答。

折射出現一次的話……
兩次……就會形成
彩虹雙胞胎……

天空
是藍色的原因
是光的散射……
晚霞是光移動的
距離……

多允為什麼
又突然變得
如此聰明！

是光
在空氣裡的
小水滴中產生
折射現象
的緣故。

第6章
跨越百年的姻緣
光是波，也是粒子

非常好，多允同學！

總之不管如何，多允說的都要記下來。全部背下來！

哇！

拍手

當晚

光……

自言自語

折射……

自言自語

反射。

幾天後

好的，現在來整理我們到目前為止學到的部分。光的性質……

拍桌

舉手

老師，我來、我來！

啊！

好、好，妳說。

光的性質是直射！

直刺！

刺

反射！

啪

折射，

嘎拉

還有散射。

呃。

沒……沒錯，
敏瑞同學請繼續。

可是……
怎麼看起來
很累的樣子？

因為光直射，
我們才能看到
物體的樣貌，
並藉由物體反射的光，
區分物體的顏色。

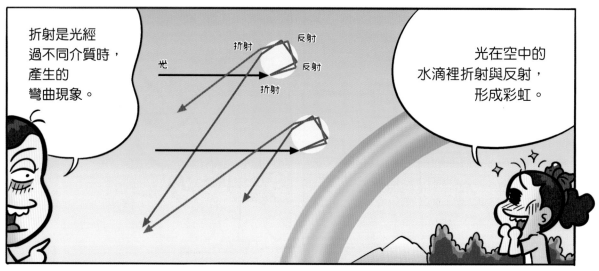

折射是光經
過不同介質時，
產生的
彎曲現象。

光
折射
折射
反射
反射

光在空中的
水滴裡折射與反射，
形成彩虹。

還有天空是
藍色……

哈哈哈！

呱！

晚霞看起來是紅色，
都是因為光的散射。

散射是光與大氣中的物質
碰撞後產生的現象。

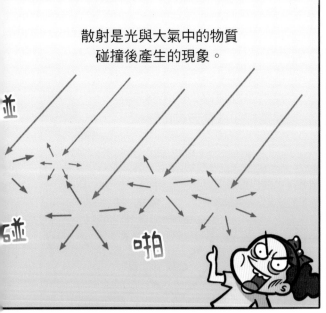

喔，果然！

二象性？

兩個？

交疊？

仔細探究，
我們可以觀察到的所有事物，
都是粒子或是波動的樣貌。

不過光就是結合了粒子
與波動的性質。

怎麼可以
那樣……？

暈

眩

來了啊。

汪汪！
（來了！）

咦！
那是什麼？

汪拉汪拉汪！
（有人也在
時空移動！）

一九二三年，美國華盛頓大學

這裡又是哪裡啊？

扣扣！

好像是研究室。

阿瑟·康普頓

阿瑟……康普頓？

阿瑟·康普頓

轉頭

是誰？現在正是重要發現的關鍵！

什麼發現？

目前還沒有命名！好，就用我的名字，稱為「康普頓散射」好了！

康普頓散射？散射不是斯特拉特發現的嗎？

天啊，這孩子怎麼什麼都知道！

很好！看來和你能溝通，就讓我說給你聽吧。

呃！

抱拉

光究竟是粒子，還是波動，長期以來就是一大爭論。

這個對！

這個對！

我最尊敬的牛頓爵士是這樣說的。

光是粒子！

一六〇〇年代後期

牛頓以三稜鏡發現光有不同顏色。

嘿！

呵呵呵，一級棒！

真幼稚……

哈哈哈哈哈哈

超級
幼稚的……

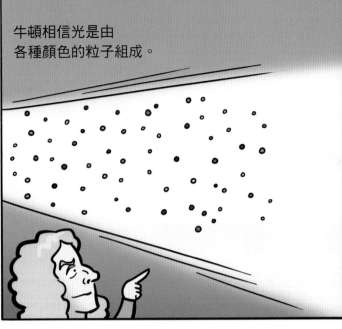

牛頓相信光是由
各種顏色的粒子組成。

舉例來說，我們看見物體是紅色，
是因為紅色粒子進入我們的視野。

所以他認為七種顏色同時進入視野，
就會呈現白色。

嗚嗚嗡嗡噹噹

什麼！
流浪貓
又從窗戶
跑進來了嗎？

貓咪的話
我來趕走

什麼啊，
這是怎麼
回事？

你是誰？

我是
湯瑪士·楊格，
我也不知道
為何會來這裡。

啊

湯瑪士·
楊格？是以
雙狹縫實驗
證實光的
波動性的
湯瑪士·
楊格？

這、這是？

這是在
做夢吧！
就算是夢，
我也很開心！

百年前
就離世的偉人
怎麼會來到
這裡！

這位科學家
好像也在
時空移動。

所以剛剛
看到的那個人
是湯瑪士·楊格！

嘎！

滋啪啪

！

我在車上
認真思索光的波動性,
沒想到居然會做起
這種夢……

昏頭

期待!

我正好在說明
光的粒子性
給這孩子聽!

!

康普頓大叔,
您好像有點興奮。

我也知道
比我早百年出生的
牛頓爵士
說光是粒子。

楊格老師
您的看法
好像不一樣,
您說光是
波動……

是的,如果光是粒子,

光穿過又窄又長的洞時,
穿透洞口的光粒子在另一端
應該會形成長長的一條光。

所以並不是
這樣的對嗎？

是的。

通過
狹縫的光
會變成什麼呢？

阿煞！

減肥成功！

唰

嘿嘿！

呵呵，
很有趣
的推論，
不過不對。

往平靜的池水
丟進兩顆石頭時，
會發生什麼事情？

撲通

撲通

♪

♫

撲通撲通
丟下石頭～♫

瞞著姊姊
丟下石頭～♪

等等！現在不是
唱歌的時候。究竟是從哪邊
開始出錯的咧？

溪水啊
快點擴散
擴散到
遙遠之地

哇！
水波重疊了！

沒錯，兩個波相遇時
會產生「干涉」。

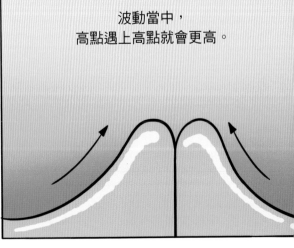

波動當中，
高點遇上高點就會更高。

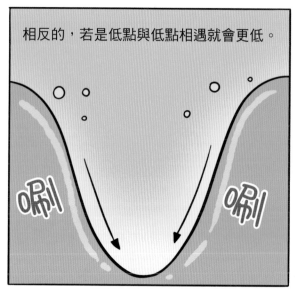

相反的，若是低點與低點相遇就會更低。

可這是水，不是光啊。

光也會出現相同現象。

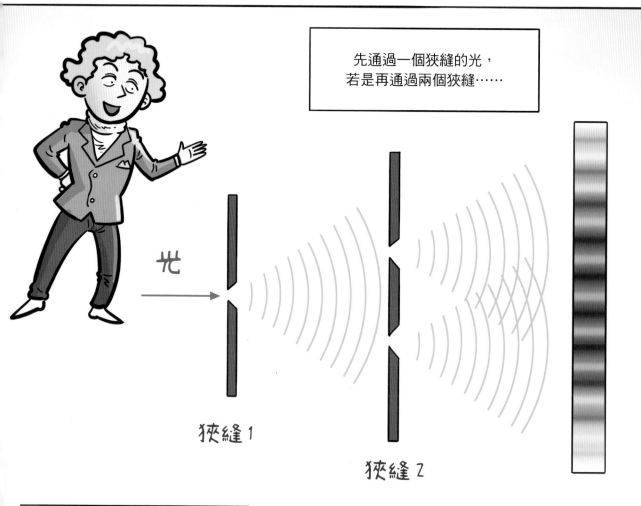

先通過一個狹縫的光，
若是再通過兩個狹縫……

光

狹縫 1

狹縫 2

干涉現象產生時，
屏幕上亮的部分與暗的部分
會交叉呈現。

我認為不是那樣！

光是波動的話，就無法說明光電效應！

光電……效應？

所謂光電效應，是指光照射金屬時，電子會彈出的現象。

光電效應就像愛因斯坦博士發現的那樣，光一定要是粒子，才能說明。

我不知道愛因斯坦是誰，光電效應也要經過實驗才會知道……

但雙狹縫實驗確實可以證明光是波！

認真

有能證明光是粒子的證據！

認真

不久前的實驗……

用 X 光照射石墨板，
因為石墨而散射的 X 光波長，

X 光光源

屏幕

石墨板

散射的 X 光

不散射的 X 光

會比光源
原本的 X 光波長
還長。

！

這現象如同兩顆球相撞。

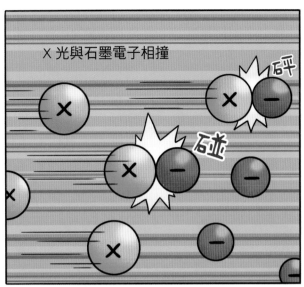

X 光與石墨電子相撞

失去能量，
波長變長。

唉唷！

步履蹣跚　搖搖晃晃

石墨板

跑出！

自由啦！

獲得能量的電子
就會彈出。

波瀾

萬丈

光如果不是粒子，
就不可能出現
這種現象！

那麼
該如何解釋
雙狹縫的
波動呢？

那、那個……！

二象性！

氣

！

光既是粒子，也是波動，具有二象性不就可以了？

住口！

有只能有一種性質的理由嗎？

粒子和波動……

同時擁有……？

這個想法不錯吧！

你還是孩子，居然能這樣想！

不，這不完全是我想出來的……

為了感謝你提供這麼棒的點子，剛剛做實驗用的這個石墨板送給你。

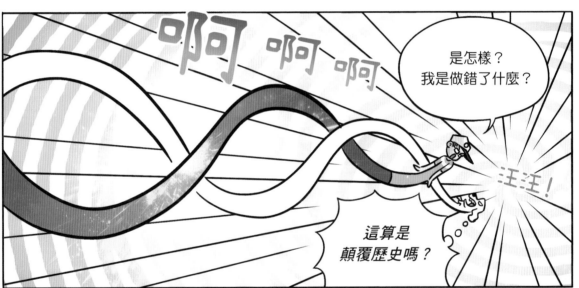

啊啊啊

是怎樣？我是做錯了什麼？

汪汪！

這算是顛覆歷史嗎？

唰

簡單的說，光就像水波一樣擴散……

也像球一樣運動!

丟丟丟

哇～!

呃!

有時候多允的樣子會變得很奇怪……

好像……

很疲憊的樣子……

呼……

嘿!

又好像在發呆的樣子……

只要出現這種狀態就突然變聰明。

光電效應!

折射

粒子!

波動!

反射!

與之前
完全不同！

康普頓……

湯瑪士·
楊格……

又開始了！

老師，
所以說……

多允
肯定有祕密！

第7章
與外表不同的內在

終於發現中子

呀呼，
好久沒來
水上樂園了！

水喪樂園！

去年也有來啊，
什麼好久沒來。

水「上」樂園
才是正確發音
好嗎！

喔，
好好好……

媽，
我們去拿泳圈！

好啊。

泳圈？
唉唷，堅強一點！
要玩就要玩那個。

？

哇啊啊
哇哇啊！

呸啊啊啊

應該要玩那個才算是來到水上樂園。

啦啦

有沒有聽到我在說話！

父親大人，我們就不管那兩個膽小鬼，走吧。

什麼啊，爸該不會是害怕吧？

我不怕

我沒有發抖

我的暱稱就是「雲霄飛車、自由落體」好嗎！

抖

抖抖

啊 啊 啊

呀啊啊！

根本還沒
出發啊……

嘿……

熱身，熱身你不懂嗎？
運動前要先
鬆弛一下身體……

……

這樣實際上陣的時候
才能好好展現……

推

出發！

哇啊

唧啊啊啊
啊啊啊啊！

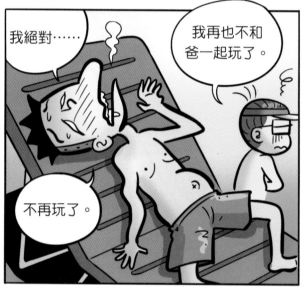

好像被捲入質子與
中子之間翻滾的感覺……

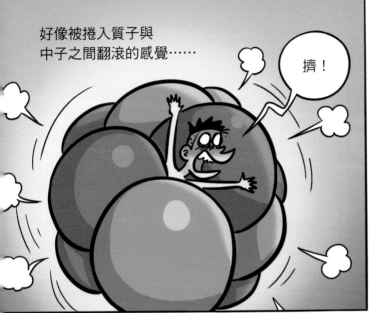

擠！

中子的話……
是與質子一同形成
原子核的粒子嗎？

對，
原子核就是由
中子和質子
組成的。

原來水上樂園滑水道
是結合了重力與
無重力啊。

暈眩

另一邊，
附近的寵物旅館

你好？我是莉莉。
你叫什麼名字？

好漂亮……

我是 Mix。

莉莉，
妳真的好可愛。

嘻嘻！

一陣暈眩

哇　哇

啊啊，
我穿著
泳衣啊！

汪汪汪！
（啊！我正在
約會中啊！）

嗚嗚！
（會不會太
過分了啊！）

一九三二年，英國劍橋大學
卡文迪西實驗室

這裡
又是哪裡？

呃呃

哇嗚嗚，汪！
（唯一能確定的
是這裡不是
寵物旅館！）

咦？怎麼覺得這裡很熟悉？

熟悉的味道……

如果是來送氮氣的話，放那邊就好了。

?

你、你是誰？為什麼沒穿衣服？

因為我從游泳池來的……

呸

這裡該不會是拉塞福博士的研究室？

！

你……你知道拉塞福博士？

他是我的老師，我是查兌克。

拉塞福博士是您的老師？

之前來拉塞福博士的研究室時，有夠暗的……

那個……是什麼來著？對了！是在做 α 粒子散射實驗。

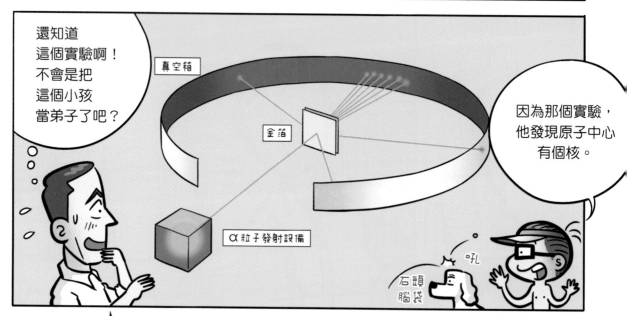

還知道這個實驗啊！不會是把這個小孩當弟子了吧？

真空箱

金箔

α粒子發射設備

石頭腦袋

吼

因為那個實驗，他發現原子中心有個核。

沒錯！老師與我在那之後，為了找出原子核的祕密，持續做著相似的實驗！

登

結果如何？

汪汪汪！

結果好像有，又好像沒有。喔喔！

這是什麼奇怪的舞步！

好像有？

光既是粒子，又是波動。結果既然是有，又沒有……該不會是因為那個的關係？

頭好痛啊！

科學真難！

現代科學與科學家們越來越模稜兩可的樣子……

模稜兩可

模模糊糊

味

味

那麼小朋友，你也知道湯姆森爵士嗎？

當然，是發現電子的人。

是的，湯姆森爵士發現陰極射線就是電子的流動。

一八八六年，德國的戈爾德斯坦同樣……

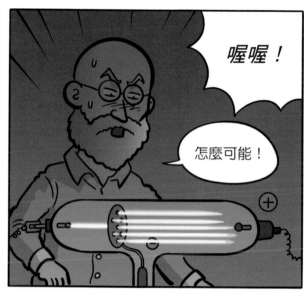

喔喔！

怎麼可能！

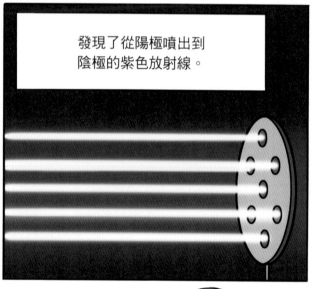

發現了從陽極噴出到陰極的紫色放射線。

雖然不知道那是什麼，但就先命名為「陽極射線」！

雖然命名了，但依然不太確定陽極射線到底是什麼。

鏘鏘！

陽極射線

要找出這到底是什麼！

最後由拉塞福老師發現這個祕密！

陽極射線
就是……
質子的流動！

終於發現質子了！
是如何發現的？

另一方面，
老師利用
α 粒子的實驗，
完成新的原子模型！

原子核占據原子
大部分的質量，
而且是在
原子的中心。

其周遭
圍繞著電子。

電子

原子核

發現了原子核與電子之後，

製作模型……

就結束了！

就是
如此完美
大哥！

這是什麼
幽默……

不過，
又出現一個
疑問！

啊啊！

嗯，好奇怪……好奇怪……
好好奇……好好奇……

拉塞福

用氮氣發射
α 粒子……

會出現氫氣。

但應該只會有
氮氣才對……

氮氣

氫氣

α 粒子

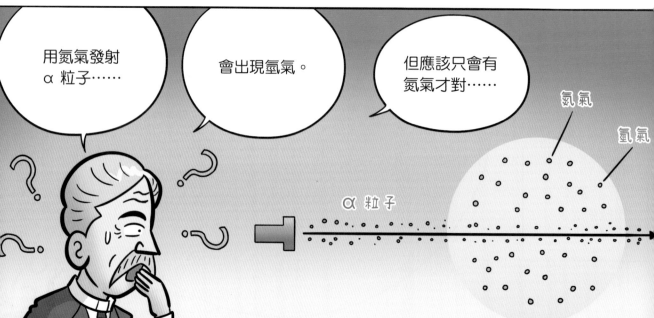

我現在也正在做這個實驗。

！

該不會……
α 粒子裡面
有氫氣？

不是。

？ ？ ？

還是一開始
就藏在氮氣裡面？

不是，
單純只有
氮氣！

啊啊

還是本來
沒有的氣體，
會時空移動！

不，
不是的！

我有正確測量後
才開始實驗的
好嗎！

科學家的基本
就是懷疑、
再懷疑！
您不知道嗎？

啊啊，
我突然太過在意……
是想太多了嗎……

一九一四年，拉塞福博士發現氫原子核是所有原子核中最小的一個。

唉呀，好可愛。

你就是氫原子核嗎？

就是氫原子核！

而氮氣會產生氫氣的原因⋯⋯

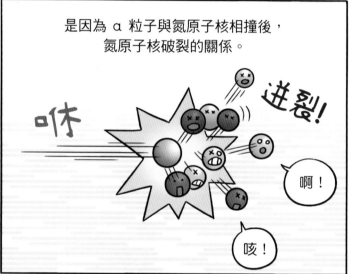

是因為 α 粒子與氮原子核相撞後，氮原子核破裂的關係。

迸裂！

啊！

咳！

破裂後跑出的粒子就是氫原子核！

氮原子內本來就有氫原子核！

咦！你是氫原子核？

嗯……該不會所有原子核內都包含著最小的氫原子核吧？因為是最基本的，就稱為「質子」*吧。

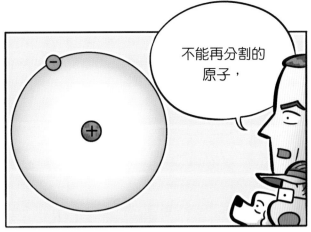

不能再分割的原子，

原來還可以再分割。

你不知道嗎？

滋 啪

*注：質子的英文 proton，在希臘語是「第一」或是「最初」之意。

我真的很想縮小身體，直接鑽進那未知的世界！

穿著泳衣？

飛

喔嗚真討厭！

真的一步步、慢慢的揭開祕密。

不過，比以前快多了。

原子是電中性。

我是中性寶寶！

＋與一在一起就是中性！

電子帶有負電荷，原子核內的質子帶有正電荷。

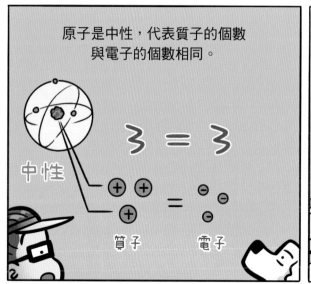

原子是中性，代表質子的個數與電子的個數相同。

中性

質子 ＝ 電子

可不管怎麼計算……

奇怪了……

寫

寫

原子核的質量就是比質子質量還要多很多。

質子

原子核

這明明……

表示原子核還有其他東西的意思？

除電子、質子外，還有第三種粒子？

啪

拍拍手 ♪

臀碰臀 ♫

賓果～♪

這是在做什麼？

恍然

終於
完成實驗，
得出結論！

登登

好可怕

名字就叫做
「中子」！

哇哇

居然還自己做
音效……

中子與質子的質量
幾乎相同……

質子

中子

原子核

電荷不是＋，
也不是－，
是中性！

那麼，中子是
雙面人？

嘿嘿

原子由
原子核與
電子組成……

原子

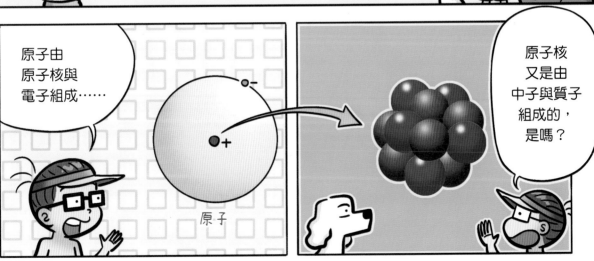

原子核
又是由
中子與質子
組成的，
是嗎？

沒錯！原子就像洋蔥外皮一樣，可以再次剝開！

這是小型的氮氣桶，給你，今天和你聊得很開心。

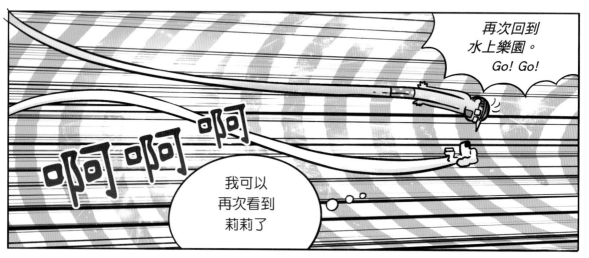

再次回到水上樂園。Go! Go!

啊啊 啊啊 啊啊

我可以再次看到莉莉了

啊啊!!

喔唷，金敏瑞？

咦，鄭多允？

你可以不要一直跟著我跑嗎？

這是我要說的話！

……

我要和我爸去玩滑水道。

愛去不去隨便妳！

呃啊！

爸，你冷靜一點！

呵呵

好可怕，啊啊啊！

媽媽！

最慘

……

……

哈哈哈，都是大人了，還那麼膽小……

嘿嘿

……

第8章
延續心意的力量
捆住原子核的力

祝您生日快樂～♪
祝您生日快樂～♫

祝親愛的阿公
生日快樂。

嗯？為什麼
蠟燭只有一支？

今天開始
阿公是一歲。

?

這樣就能
活很久很久。

冬允
實在太會
耍賴了。

喔，原來有
這層含義！

好，準備好就請吹蠟燭！

鄭冬允，妳太興奮了……

妳在幹嘛？不說生日快樂……

好，現在要來抓周！

什麼！

抓、抓周！

明明就是生日，是生日，不是周歲！

那該做的也還是要做！

好、好。那我就抓這個。

抓

爸，
為什麼選擇
鉛筆呢？

因為我想到
離開這個世界為止，
都擁有
探索世界真理
的心⋯⋯

呵呵

啊⋯⋯
爸！

阿公，
探究真理的力量
是來自飯。

喔⋯⋯
是這樣
嗎⋯⋯？

要吃飯，
就要有錢⋯⋯

喔⋯⋯
好

還必須
穿衣服⋯⋯

想買衣服，
要上網
搜尋⋯⋯

喔⋯⋯
好

⋯⋯

⋯⋯

結果是
都需要？

嘿⋯⋯

呵呵⋯⋯
我現在有種自己
是原子核的感覺。

什麼？
那是
什麼意思？

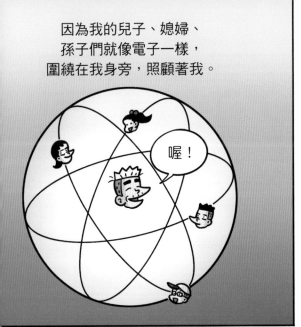

因為我的兒子、媳婦、孫子們就像電子一樣，圍繞在我身旁，照顧著我。

喔！

還有老婆是質子，我是中子。

是這樣嗎……呵呵！

果真是像物理學家會用的比喻……

我也知道原子核是由質子和中子組成的。

你見過查兌克？

之前見到查兌克時，學了不少東西。

又在唬爛了。

你就別說那種連家人都不會相信的事情了吧。鄭多允

我才沒有唬爛！

啊……是說在書裡見到的吧。

呼……是。就當是那樣吧……

快點切蛋糕來吃啦！

喔喔，冬允，妳怎麼切了蛋糕，蛋糕要阿公切才行啊……

阿公現在一歲，切蛋糕太難了。我幫阿公切。

舔舌

155

這孩子
真是的……
沒關係，
我更喜歡吃孫女
幫我切的蛋糕。
我的呢？
我的呢？
好……好……
哈啾！
欸！
阿公，
請吃
蛋糕……
不可以
這樣！
齁齁
好可惜！
爸，
我重新切一片
給您……
嗯……
阿公，
質子和中子
像磁鐵一樣嗎？
它們怎麼能黏在一起？
口紅膠！
口紅膠
什麼？
這不像話啊！

塗抹 塗抹

質子

中子

哈哈！口紅膠很珍貴！

這很奇怪不是嗎！

是說像口紅膠的物質啦。

啊⋯⋯

擔任口紅膠功能的，就是「膠子」這種粒子⋯⋯

膠子

是可以吃的東西？

嚼嚼

「膠」是黏著劑的意思，而膠子就是像黏著劑一般的東西。

膠子

因為是形成原子核的粒子，所以我們將質子和中子統稱為「核子」。

我們是核子。

強勁的力量將核子們綁在一起。

有能力做到的粒子就是膠子。

不分開！

吸！

鹽

吼！

鹹！

核子幽默！*

嘎嘎嘎，
真好笑！

笑死我了
我的肚子！

呃啊
呃啊

聽到 Mix 吃
草的聲音了吧！

不懂得
高級幽默的
傢伙！

＊注：冬允將韓文中的核子兩字拆開，「核」音近似於韓文中的語氣詞，而「子」的韓文發音和「鹹」的音類似。

在發現膠子之前，
人們認為連結核子的是一種稱為
「π 介子」的粒子。

轟 啊啊啊～

！

π 介子？
是有人取的
名字吧。

沒錯。

咻咻

是我的老師、日本物理學者湯川秀樹教授命名的。

同時也是日本第一位獲得諾貝爾獎的學者。

如同 π 介子一般，在中間連結兩側的粒子，就稱為介子。

我是介子。

是比電子重、比質子輕的粒子。

電子　介子　算子

在原子核中，擔任讓核子相連的角色。

要好好抓住唷！

喂！Mix！

所以因為有介子，才讓中子和質子能夠結合成為原子核囉？

暈眩

滋

啊

這種情況居然還能記得要拿著蛋糕。

飛！

汪,汪汪汪汪!（啊,掉了!）

一九五三年,日本京都大學

砰！

啊,這是什麼啊！

喔……

誰往我頭上丟大……,不,丟蛋糕的!

嘰嘟

?

原本是想給老師您的,可是一不小心跌倒就……對不起……

倒

啪

給我？
不是故意
開玩笑？

什麼？不是！
因為想見到
老師……

原來是我誤會了，
抱歉。
這個好吃。

不過
你們是誰？

看了查兌克教授的書之後，
感受良多，所以才來的。

是嗎？
我就是因為
查兌克教授
發現中子，
才開始研究！

什麼研究……

介子研究！

那麼您該不會
就是湯川教授？

多允
阿公的
老師！

吼！

你說你想見我，
所以帶著蛋糕過來，
但又不認識我，
這是什麼情況？

不，
我們認識！

總之，發現中子後，
就能更進一步認識原子的內部構造。

我原來……

是長這個樣子！

原子核

質子與中子

可之後出現一個疑點。

質子和中子
為何能牢固的
結合在一起？

結合就能活
分散就會死

牢固

用膠水
黏起來！

噗哈哈！膠水？
原子核
用膠水黏？
真的是孩子的
可愛想像！

還不如說
是用飯粒，
嗚哈哈哈！

或是黏著劑！
瞬間膠！
用橡皮筋捆起來？

別開玩笑了……
聽好了。

大自然
有四種
力量。

是啦、是啦。
不過我知道
那是膠子唷！

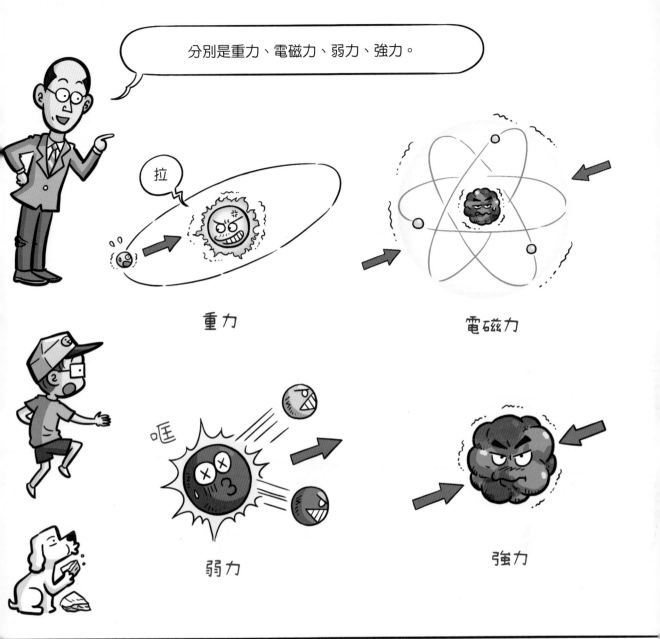

分別是重力、電磁力、弱力、強力。

拉

重力

電磁力

哐

弱力

強力

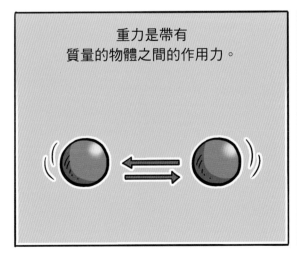

重力是帶有
質量的物體之間的作用力。

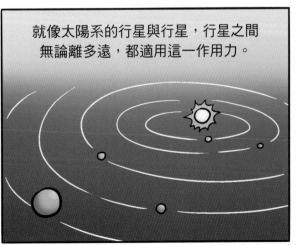

就像太陽系的行星與行星，行星之間
無論離多遠，都適用這一作用力。

不久前和爸爸看過一部描述在沒有重力的宇宙中，發生的各種情況的電影……

救救我！

重力啊，救救我！

因為沒有重力，所以要用推進力來救你！

電磁力是電力與磁力結合的力量，也適用於原子內的電子與質子。

相連的物體朝不同方向移動時，產生的摩擦力……

拉！

唧‧唧‧唧

或拉緊繩子時所產生的張力中，

繃

都包含電磁力。

因為有電磁力，所以原子可以維持本身的型態。

拉！

！

科科！

因為 Mix 的關係，蛋糕根本不會維持原狀，瞬間就消失了……

舔舔

汪汪！
（好吃！）

另一方面，弱力與強力是在原子核內作用的力量。

！

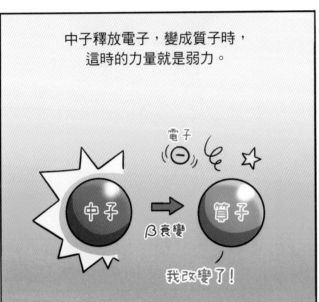

中子釋放電子，變成質子時，這時的力量就是弱力。

電子

中子 ⟶ 質子
β 衰變

我改變了！

比重力大，卻比電磁力弱，所以稱為弱力。

重力＜弱力＜電磁力

什麼？所以原子核內部的質子和中子可以互相改變嗎？

是的。

去咬回來！　丟　　汪！

中子　　質子

這是什麼想法啊？

所以強力是比
電磁力更強的力量？

弱力 < 電磁力 < 強力

沒錯，
所謂強力是壓制質子
彼此反抗的能力，
形成綁住核的力量。

拉

拉

所以沒有
強力的話，
我的身體……

就會
隨風飄散
無影無蹤。

不只你的身體，
還會是世界末日。
因為這世界的一切
都是由原子組成。

哐

啊

啊

之前見到波耳時，
聽過電子會
改變軌道的事情……

電子

能量

啪

原子核

這回是質子
會變成中子，
中子會變成
質子……

眼睛看不見的小小原子內部，
居然可以發生如此龐大的事件！

居然有
這麼複雜的東西
在我體內運作，
我還可以好好的……

伸展

伸展

說到這個，
中子和質子又不是
魔法師，怎麼可以
變成彼此呢？

多允波持

這個原因
是我
發現的！

嗵
嗵

倒！

因為有協助
核子們產生變化的
另一個粒子！

質子

中子

介子

名字叫做
「介子」！

啪

鏘鏘！

介子

中子

算子

因為介子的緣故，
質子會變成中子，
中子會變成質子。

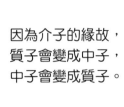

欸？

推……
推推

推測是
個人自由，
反正又
看不見……

你在講什麼！
一九四七年的
實驗發現了介子，
什麼推測！

發火!!!

啊，知……
知道了。
對不起……

當時發現的介子
就是 π 介子。

和阿公說的一樣，
湯川老師認為 π 介子
如同膠子的功能，
還能讓核子們互相改變。

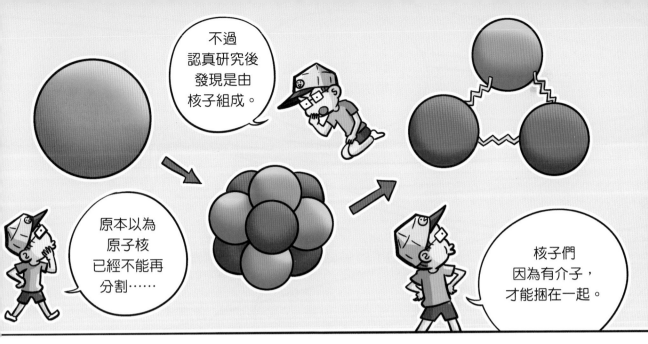

不過認真研究後發現是由核子組成。

原本以為原子核已經不能再分割……

核子們因為有介子，才能捆在一起。

那麼核子也還能再繼續分割嗎？

沒錯，我確信可以。

還有我們不知道的祕密。

居然可以和還是小孩的你聊得這麼開心，有點驚訝。

這沒什麼啦。

這個黏著劑送給你，看到這個就會想起今天的對談。

謝謝您

暈眩

Mix，
我們就像核子一樣
熱情的黏在一起吧。

抱緊

嗚汪汪……
（這不是強力，
是強制力啊！）

滋 啊啊

咻

拭淚…

今天這麼棒
的日子，
怎麼突然
哭了呢？

突然想起
我的老師……
老師是在我生日，
九月八日
去世的……

也許……

湯川老師過世時，
留給了阿公介子。

所以阿公的心願
就是成為湯川老師。

喔！

因為介子的出現，
讓湯川老師的心願
成為了阿公您的心願。

多允，
你這比喻
相當好！

第9章
慢慢展現的真相
核分裂的發現

好的，我們集合吧！

哇，來到戶外上課真棒！

我真的很喜歡大自然，與自然為伍，無比珍貴！

真的。我介紹個大自然朋友給妳認識

……

嗚哇啊啊啊啊！

切！

怎麼了？不喜歡大自然朋友？

戈死嗎？

我要活！

別玩了，快點過來集合！

喘喘……雖然夏天快要結束了，這樣跑還是很累！

這都是你的錯，鄭多允！

光合作用太過度了……

笨蛋，光合作用只有植物有！

這是比喻好嗎？稍微有點腦袋好嗎？

我現在要說明你們剛剛說的光合作用，請快點過來。

植物與動物的差異是什麼？

植物可以自行製造生存所需養分。

但是動物就必須吃植物或是其他動物才能存活。

嘰嘰！

植物不會動。

但動物會動!

欸,什麼啊!這不是和剛剛說的一樣嗎?

你說什麼!不動就可以吃、可以生存,是多麼重要的事情!

!

動物為了找尋食物必須耗盡心力。

狂奔

嘿嘿嘿!

嗯,這樣一聽好像是真的⋯⋯

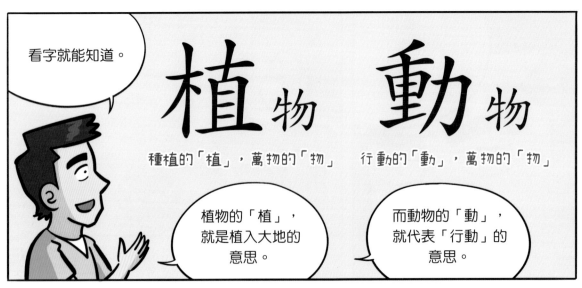

看字就能知道。

植物

種植的「植」,萬物的「物」

植物的「植」,就是植入大地的意思。

動物

行動的「動」,萬物的「物」

而動物的「動」,就代表「行動」的意思。

那麼植物不動
也可以製造養分的原因
是什麼呢？

站在動物的立場，
會羨慕不用動的
植物。

可看到毫無反抗力、
只能任人宰割的植物，
也難說哪種生活
真的比較好。

救命啊！！

當然就是
光合作用！

沒錯，就是
光合作用！

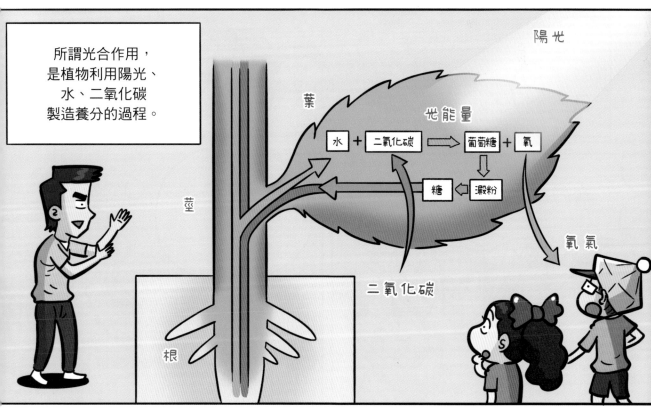

所謂光合作用，
是植物利用陽光、
水、二氧化碳
製造養分的過程。

陽光

葉

光能量

水 ＋ 二氧化碳 ⟹ 葡萄糖 ＋ 氧

糖 ⟸ 澱粉

莖

氧氣

二氧化碳

根

陽光！

水！

二氧化碳！

合體！！！！

簡單說就是利用
陽光合成葡萄糖的意思。

誕生

葡萄糖

氧

游

游

游

水！

葡萄糖！

我們是光合作用戰隊！

我是提供
人們呼吸，
氧氣般的
男人……

好啦，
就當作
是吧……

閃亮

結果……
沒有光，就沒有植物，沒有光合作用，就沒有氧氣、葡萄糖。

連我們都……

這是什麼情況

崇拜！

崇拜！

無論如何，重要的陽光，就是來自於核融合！

核融合？

是的，就是幾個原子核聚集在一起，成為一個原子核的過程。

原子集結……就好似陽光和水在植物中結合的樣子……

一九三八年，
義大利羅馬大學

唉唷……
現在根本不在乎
時空移動到
哪裡了！

呵——啊！

但你也不能發呆，
要想想為什麼會
時空移動！

這我怎麼會
知道？

氣呼呼

疑惑

你可以和狗
說話？

吼，您是誰？
怎麼會來
這裡？

來這裡的人
是你唷！

啊，對齁……

費什麼？

誰？

?

我是
恩里科・費米，
是個科學家。

在羅馬大學
當教授。
你們到底是誰？

Famiiy ～ we are Famiiy ～♪

不知道該
怎麼辦時就用
幽默轉換氣氛

是在說
什麼……

什麼，居然不認識
幾天前剛拿到
諾貝爾物理獎的我？

拿到諾貝爾獎的人
那麼多。

等等！
物理獎的話，
該不會是與原子
相關的研究？

沒錯！

我利用中子做出許多放射性元素！

對

中子的話，就是與質子一同形成原子核的核子。

嗯，看到你就讓我想起年輕一點的我。

欸？那是什麼意思？

我二十一歲拿到物理學博士，二十六歲就成為這間學校的教授！

吼……

第一次遇到有人在小孩面前炫耀自己是天才的。

呃！我現在是在做什麼！

啊……
那個抱歉，
我個性稍微有點……

是太早獲得
成就了吧～

所以，
核融合
到底是
什麼？

好問題！

這要先講
核分裂。

!

你知道原子核是由質子與中子
組成的對吧？

當然，
這是拉塞福和
查兌克教我的。

我雖然有點自傲，
但我不會像你
那樣說謊。

我說的
都是真的！

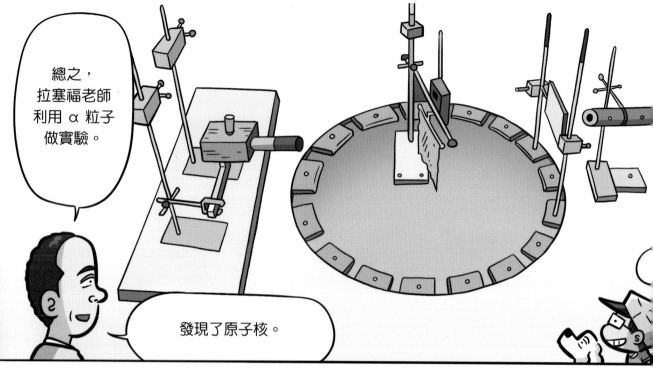

總之，拉塞福老師利用 α 粒子做實驗。

發現了原子核。

啊哈！
α 粒子實驗的話……

……

讓 α 粒子去碰撞其他物質……

哐

我是 α 粒子。

找出究竟發生什麼事情的實驗！

沒錯，就是這樣！

?

所以費米教授也做了那個實驗嗎？

當然。

α 粒子是氦的原子核，帶有正電荷。

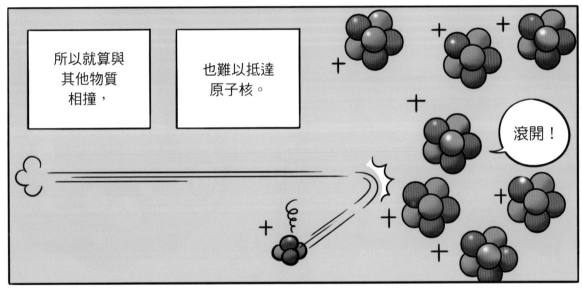

所以就算與其他物質相撞，

也難以抵達原子核。

滾開！

無法！

接近！

是……是啊。

夠

唉唷，好暈！

正電荷不行的話……

倒地

用負電荷的電子不就好了？

對吧，好主意

咻

電子

但電子太小，所以無法實驗。

吼！

咻————咻

啪

那麼可以用質子！

質子也是正電荷啊

那麼，
剩下的就⋯⋯

閃亮！

只有中子！

別忘了！中子是我
查兒克發現的！

我利用中子
做出許多
放射性元素。

因此獲得
諾貝爾物理獎，
呼哈！

是怎麼利用
中子的呢？

中子

鈾

透過
核分裂！

砰砰！

大自然最重的元素，就是……

鈾！

92 U

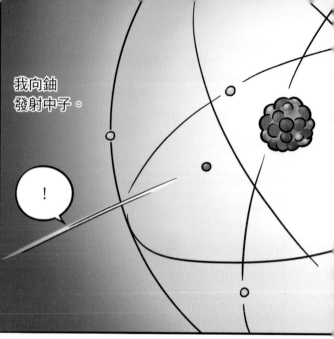

我向鈾
發射中子。

！

想做出比鈾更重的元素。

可是……

跪倒

可是……
什麼？

鈾吸收了中子後，

咻

直接分裂成兩個！

嘣 嘣

核分裂不會只有一次，而是持續不斷……

連續的發生！

哇哇哇

同時也知道了核分裂時，會產生龐大的能量。

碰

只要好好利用，就能獲得比電力更大的能量！

可是，為什麼會這樣……

總覺得有種不祥的預感……

啊，現在不是說這些事情的時候了！

這個給你！

！

這是我的研究筆記，給你看。

您要去哪裡？

我要去美國大使館，準備亡命美國！

我要逃離屠殺者希特勒的魔爪。

啊，看來二次世界大戰開始了啊！

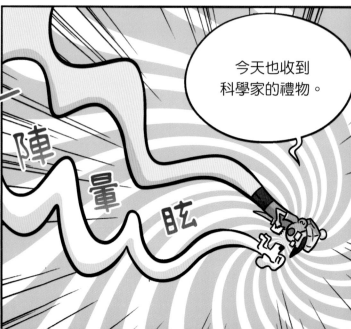

今天也收到科學家的禮物。

一陣暈眩

一起動動腦
到底躲在哪裡？
找出科學家！

在《漫畫量子力學》第一冊和第二冊中
登場的科學家們，請幫忙找出他們的名字！

總共 15 位！
請從橫的、直的、斜的，找出隱藏其中的名字。

咳咳，
記得我吧？
我很——有名的！

也知道我吧？
不但有名，
名字也很簡單！

白色的紙張，
用黑色的字體……

嗯，有誰呢？

到	彈	水	育	渥	卡	里	拉	瓦	楊
康	卡	理	費	米	多	多	塞	其	格
彼	普	巴	門	多	雷	也	福	波	門
雨	拉	頓	伊	吉	節	古	馬	愛	查
涅	也	斯	湯	川	秀	樹	斯	因	兌
線	德	特	盧	雨	道	耳	頓	斯	克
特	史	拉	戈	爾	德	斯	坦	坦	邦
牛	頓	特	華	滋	人	古	普	人	波
門	得	列	夫	德	連	福	斯	朗	耳
人	湯	頓	特	華	札	拉	瓦	節	克

答案請見第 194 頁

喔喔，
我找到了！

愛因斯坦的○╳問答

❶ ○

❷ **╳**（光電效應需要將光視為粒子才能說明）

❸ **╳**（一個光子的能量，會隨著光的振動頻率越高而越大）

❹ ○

❺ **╳**（狹義相對論的基本原理是光的速率不會因為觀察者不同而不同）

❻ ○

❼ **╳**（不論觀察者是誰，光的速率就是每秒 30 萬公里）

❽ **╳**（即使任一觀察者觀察到兩個事件同時發生，另一觀察者也可能
觀察到同時都沒有發生）

到底躲在哪裡？ 找出科學家！

到	彈	水	育	渥	卡	里	拉	瓦	楊
康	卡	理	費	米	多	多	塞	其	格
彼	普	巴	門	多	雷	也	福	波	門
雨	拉	頓	伊	吉	節	古	馬	愛	查
涅	也	斯	湯	川	秀	樹	斯	因	兌
線	德	特	盧	雨	道	耳	頓	斯	克
特	史	拉	戈	爾	德	斯	坦	坦	邦
牛	頓	特	華	滋	人	古	普	人	波
門	得	列	夫	德	連	福	斯	朗	耳
人	湯	頓	特	華	札	拉	瓦	節	克

應該沒有
忘記我吧？
拜託啊！

用兩種遊戲方式享受
科學家角色卡

第一種遊戲方法 一二三，誰贏了？
組合拿到的卡片，分數最高的就是贏家。

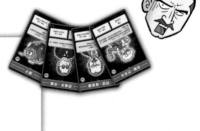

1. 混合所有卡片後，平均分
   配卡片，卡片只能自己看。

2. 所有參加者喊出「一二三」
   之後，同時秀出卡片，將
   可以組合的卡片兩兩一組
   拿出來，沒有的話就拿一
   張。

3. 擺出的卡片分數最高的人
   可以拿走所有的卡片。

4. 遊戲持續進行，最後會有
   一人拿走全部卡片，那個
   人就是勝者，遊戲結束！

第二種遊戲方法 是誰是誰？猜猜那是誰！
模仿角色的表情與行為，猜猜是誰的遊戲。

1. 混合卡片後，一樣分配好卡片，
   只能自己看。

2. 決定好參加者
   遊戲順序。

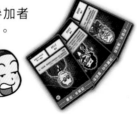

查兌克

3. 輪到自己時，選出自
   己手上的一張卡片，
   並模仿表情與行為。

查兌克

4. 其他人猜猜看是哪一位
   科學家，猜對的人可以
   拿走那張卡片。

5. 遊戲持續進行，最後會有
   一人失去所有卡片，遊戲
   結束，持有最多卡片者就
   是勝者。

卡片數量越多，遊戲會越好玩，對吧？第 3、4、5 集會有更多科學家角色卡，敬請期待！

知識館
漫畫量子力學 2
光的祕密大公開
光是波動還是粒子？看愛因斯坦等大科學家，
如何以光開啟量子的世界
초등학생을 위한 양자역학 2: 아인슈타인과의 만남

作　　　者　李億周 이억주
繪　　　者　洪承佑 홍승우
譯　　　者　陳聖薇
審　　　定　簡麗賢
封 面 設 計　翁秋燕
內 頁 編 排　傅婉琪
責 任 編 輯　蔡依帆

國 際 版 權　吳玲緯
行　　　銷　關志勳　吳宇軒
業　　　務　李再星　陳美燕
總 編 輯　巫維珍
編 輯 總 監　劉麗真
總 經 理　陳逸瑛
發 行 人　涂玉雲
出　　　版　小麥田出版
　　　　　　地址：臺北市民生東路二段 141 號 5 樓
　　　　　　電話：02-25007696 傳真：02-25001967
發　　　行　英屬蓋曼群島商家庭傳媒股份有限公司城邦分公司
　　　　　　地址：臺北市中山區民生東路二段 141 號 11 樓
　　　　　　網址：http://www.cite.com.tw
　　　　　　客服專線：02-25007718；25007719
　　　　　　24 小時傳真專線：02-25001990；25001991
　　　　　　服務時間：週一至週五 09:30-12:00；13:30-17:00
　　　　　　劃撥帳號：19863813 戶名：書虫股份有限公司
　　　　　　讀者服務信箱：service@readingclub.com.tw
香港發行所　城邦（香港）出版集團有限公司
　　　　　　香港灣仔駱克道 193 號東超商業中心 1F
　　　　　　電話：852-25086231 傳真：852-25789337
馬新發行所　城邦（馬新）出版集團
　　　　　　Cite(M) Sdn. Bhd.
　　　　　　41, Jalan Radin Anum, Bandar Baru Sri Petaling,
　　　　　　57000 Kuala Lumpur, Malaysia.
　　　　　　電話：(603)90563833 傳真：(603)90576622
　　　　　　讀者服務信箱：services@cite.my
麥田部落格　http:// ryefield.pixnet.net

印　　　刷　漾格科技股份有限公司
初　　　版　2023 年 6 月
售　　　價　460 元
版權所有 · 翻印必究
ISBN　　978-626-7281-07-9
本書如有缺頁、破損、倒裝，請寄回更換

초등학생을 위한 양자역학 시리즈 2
(Quantum Mechanics for Young Readers 2)
Copyright © 2020, 2021 by Donga Science, 이억주(Yeokju Lee, 李億周), 홍승우(Hong Seung Woo, 洪承佑), 최준곤(Junegone Chay, 崔埈錕)
All rights reserved.
Complex Chinese Copyright © 2023 Rye Field Publications, a division of Cite Publishing Ltd.
Complex Chinese translation rights arranged with Bookhouse Publishers Co., Ltd. through Eric Yang Agency.

國家圖書館出版品預行編目 (CIP) 資料

漫畫量子力學 . 2, 光的祕密大公開：光是波動還是粒子？看愛因斯坦等大科學家，如何以光開啟量子的世界 / 李億周著；洪承佑繪；陳聖薇譯 . -- 初版 . -- 臺北市：小麥田出版：英屬蓋曼群島商家庭傳媒股份有限公司城邦分公司發行 , 2023.06
　面；　公分 . -- (小麥田知識館)
譯自：초등학생을 위한 양자역학 . 2 : 아인슈타인과의 만남
ISBN：978-626-7281-07-9(平裝)

1.CST: 物理學 2.CST: 量子力學
3.CST: 漫畫
330　　　　　　　　112000535

城邦讀書花園
www.cite.com.tw
書店網址：www.cite.com.tw

科學家角色卡 （請沿虛線剪下使用）

一張張
剪下使用。

約翰・巴耳末

11

瑞士物理學家（1825～1898）
發現氫原子可見光領域的光譜規律，整理為「巴耳末系」，日後波耳使用巴耳末系，製造出新的原子模型。

分數	可與 13 號
2300	來曼卡片組合

Copyright©2020 by Bookhouse.

約瑟夫・湯姆森

12

英國物理學家（1856～1940）
發現克魯克斯管負極出來的陰極射線是電子，以這一實驗結果為基礎，提出「葡萄乾布丁原子模型」。

分數	可與 17 號
3000	查兌克卡片組合

Copyright©2020 by Bookhouse.

西奧多・來曼

13

美國物理學家（1874～1954）
發現氫原子紫外線領域的光譜規律，整理為「來曼系」光譜。

Copyright©2020 by Bookhouse.

分數	可與 11 號
2100	巴耳末卡片組合

馬克斯・普朗克

14

德國物理學家（1858～1947）
首位提出能量僅以小團塊的型態吸收與釋放的「量子」概念，成功的以黑體輻射實驗組來說明。

Copyright©2020 by Bookhouse.

分數	可與 19 號
3200	黑體卡片組合

阿爾伯特・愛因斯坦

15

德國物理學家（1879～1955）
採用光是稱為光子的流動的「光量子論」，成功的說明了光電效應，提出狹義相對論，以及嶄新的時間與空間的概念。

Copyright©2020 by Bookhouse.

分數	可與 16 號
3300	康普頓卡片組合

Copyright©2020 by Bookhouse.

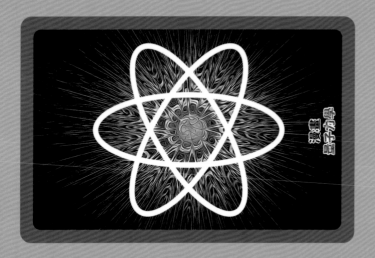

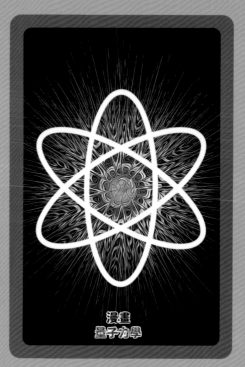

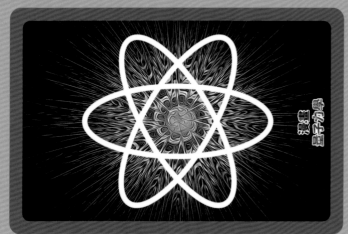

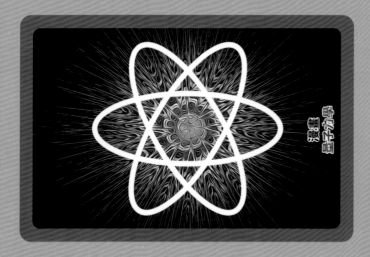

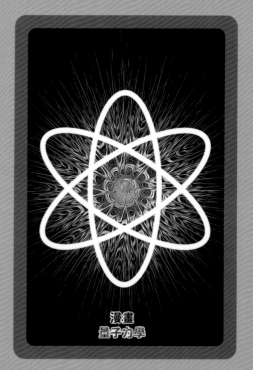

科學家角色卡 （請沿虛線剪下使用）

遊戲方式
請參考書本
第 195 頁。

阿瑟・康普頓

16

美國物理學家（1892～1962）
X光和石墨粒子碰撞時，觀察波長變長的現象，
透過這一實驗主張光是由粒子組成。

分數
2100

可與 15 號
愛因斯坦卡片組合

Copyright©2020 by Bookhouse.

詹姆斯・查兌克

17

英國物理學家（1891～1974）
發現原子核不只有質子，也是由中子組成的事
實。

分數
2600

可與 12 號
湯姆森卡片組合

Copyright©2020 by Bookhouse.

湯川秀樹

18

日本物理學家（1907～1981）
預測質子與中子在原子核內可相互緊連的「介
子」，以及質子與中子會互相轉變的現象，也可
以介子理論說明。

分數
3000

可與 20 號
膠子卡片組合

Copyright©2020 by Bookhouse.

黑體

19

所有波長的光皆可吸收的理想黑體。
普朗克透過黑體研究能量以小團塊的型態吸收
與釋放的「量子」概念。

分數
500

可與 14 號
普朗克卡片組合

Copyright©2020 by Bookhouse.

膠子

20

中子

質子

強而有力將質子與中子綁在一起的粒子。
質子之間相互排斥，膠子則讓他們無法生成排斥
力，是湯川秀樹首度提出預測。

分數
700

可與 18 號
湯川秀樹卡片組合

Copyright©2020 by Bookhouse.

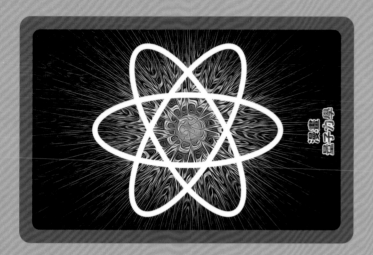

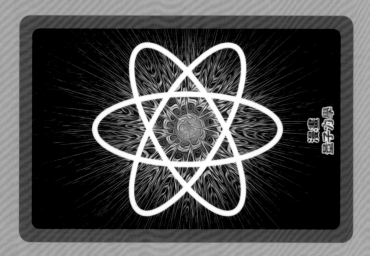

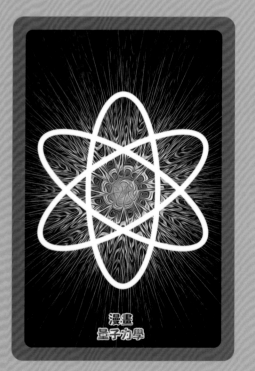